JN190397

データサイエンス
のための

基礎数理

愛知工業大学基礎数理教育グループ　編

学術図書出版社

まえがき

本書について

本書は愛知工業大学１年次科目「データサイエンス基礎数理」の教科書として作成されました．

内容はデータサイエンスや工学，情報科学等を学ぶための数学の基礎をまとめたもので，大部分は高校で学ぶ範囲の数学です．記述は，基礎概念の説明，基本事項のまとめと例，そして基礎的な問題となっていて，特に，具体的な数値の取り扱いを重視しています．

各項目についての詳しい解説や証明は，高校数学の教科書あるいは大学における「線形代数」，「微分積分」，「確率統計」等の授業・教科書を参照してください．

ネット上の「サポートページ」

https://www.gakujutsu.co.jp/text/isbn978-4-7806-1359-9/

に，問題の解答，特定の項目についての解説・証明および本文の訂正（正誤表）があるので，適宜利用してください．

2025 年 3 月

愛知工業大学基礎数理教育グループ

本書で用いられるマーク・記号

🖩：このマークの付いた問題の計算には，関数電卓等の計算ツールを用いる．

▶サポート X.X：このマークのある項目は，ネット上の「サポートページ」の該当の箇所に補足の解説や証明がある．

$A \Rightarrow B$：「A ならば B」あるいは「A は B の十分条件」，「B は A の必要条件」であること．

$A \Leftrightarrow B$：「$A \Rightarrow B$ かつ $B \Rightarrow A$」あるいは「A と B とは互いに必要十分条件」，「A と B は同値」であること．

目　次

1 数と計算

1.1 数の体系

自然数 $1, 2, 3, \ldots$ を**自然数**という．自然数は物の個数（基数という）や物の順番（序数と言う）を表すのに用いられる．場合によっては 0 を自然数の仲間に入れて，順番を「0 番」から数えることもある※1.

※1 建物の階数を「0 階」から数える国もある．また，プログラミング言語において，配列（番号付き変数）の番号が「0 番」から始まるものがある．

自然数は足し算（加法）と掛け算（乗法）に関して閉じている．即ち，任意の自然数 m, n に対して，和 $m+n$ と積 $m \times n$ を計算することが出来て，その答もまた自然数である．他方，引き算（減法）$m-n$ と割り算（除法）$m \div n$ の答（即ち差と商）は必ずしも自然数の範囲にはない．

整数 自然数同士の引き算が必ず答を持つように，「0」と「負の数」を考える．即ち，自然数 n に対して $n+0=n$ となる数 0 と，$n+(-n)=0$ となる負の数 $-n$ を考える．自然数と 0 と負の数全体を合わせて**整数**という．整数の範囲では，加法減法乗法を自由に行うことが出来，その答もまた整数であるが，除法（割り算）については必ずしもそうでない．

整数の様々な性質（特に剰余計算）については第 2 章で述べる．

有理数 整数同士の割り算が（0 による割り算を除いて）必ず答を持つように，整数 $a, b\ (b \neq 0)$ に対して $a \div b = \dfrac{a}{b}$ という「分数」を導入する．0 でない整数 k に対して $\dfrac{ak}{bk} = \dfrac{a}{b}$ であるから，2 つの分数 $\dfrac{a}{b}$ と $\dfrac{c}{d}$ は，$ad = bc$ のとき等しいと決める．$\dfrac{a}{1}$ は整数 a と同じものと見なせる．

分数で表される数を**有理数**という．各有理数はそれぞれただ一つの**既約分数**※2 で表される．有理数の範囲では，加減乗除が（0 による割り算を除いて）自由に出来，その答もまた有理数である．

※2 分子，分母がそれ以上約せない分数．

問 1.1 $\dfrac{1}{1+\dfrac{1}{2+\dfrac{1}{3+\dfrac{1}{4+\dfrac{1}{5}}}}}$ を 1 つの既約分数で表せ．

実数　有理数まで考えることで一応加減乗除が自由に出来ることになったが，日常現れる様々な量（長さ，重さ，温度など）を表すためには，数の範囲をさらに広げる必要がある．

例えば，物の長さを数値で表そうとするとき，まず単位の長さ（例えば 1 m）を決めておいて，その長さの 3 個分と少しの端（はした）と測り，更にその端が「$\frac{1}{10}$ m」2 個分と端，その端が「$\frac{1}{100}$ m」6 個分と端，という具合に測っていくと，結局長さが $3.26\cdots$ という「数」で表されることになる．

このようにして得られる数を**実数**という．即ち，実数とは（10 進法の場合）$0, 1, 2, \ldots, 9$ の 10 種類の数字からなる有限あるいは右方へ無限の列であって，どこか（右端でも左端でもよい）に小数点があるもの（**小数**）である．有限の列で表される実数を**有限小数**，無限の列で表される実数を**無限小数**という．さらに，マイナス符号をつけた負の実数も考える．

実数を表す小数において，並んでいる 1 つ 1 つの数を**桁**（けた）と言い，その位置を**位**（くらい）という．

例 1.1　5 桁の小数 123.45 の整数部分は 123 で 3 桁，小数部分は 0.45 で 2 桁である．また，10 の位は 2，小数第 2 位（あるいは $\frac{1}{100}$ の位）は 5 である．

問 1.2▦　$1 + \frac{1}{2} + \frac{1}{3} + \cdots + \frac{1}{9}$ の値（小数）を求めよ．

無限小数のうちで，ある桁から先で同じ数の並びが繰り返すものを**循環小数**という．例えば $27.0123123123\cdots$ は循環小数である．これを $23.0\dot{1}2\dot{3}$ と表す．繰り返している同じ数の並びの最短のもの（上の場合 123）を**循環節**という．

第 n 桁以降に 9 ばかり無限に並んだ循環小数は，第 $n-1$ 桁に 1 を加えて，その後の右の桁をすべて 0 とした（切り捨てた）数に等しい（何故か？）．例えば $2.3999\cdots = 2.4$ である．

有理数を小数で表すと有限小数か循環小数になる．また逆に，有限小数か循環小数で表される実数は有理数に限る． ▶サポート 1.1

問 1.3　$\frac{1}{7}$ を循環小数で表せ．循環節は何か．

問 1.4　$3.0\dot{1}\dot{4}$ を分数で表せ．

1.2　数の取り扱い

単位　前節で述べたように，様々な量（長さ，質量，圧力，温度など）は，単位を定めることによりその大きさを数値化することができる．例えば，長さの単位として m（メートル）がある．これは，もとは北極から赤道までの大円の長さの1万分の1の長さとして定められた．現在では，真空中の光速度を 299792458 m/s とすることによって定まる長さと決められている※3.

※3 これは1秒の定義が決まってないと意味がないが，1秒の長さはセシウム原子時計によって定められている（将来的には光格子時計で定められる予定）．

同種の量を比較するためには，同じ単位で測った数値で比較しなければならない．また，食べ物の美味しさや絵の美しさのように，数値化出来ないものを正確に比較することは出来ない．

問 1.5 国語の試験の点数と数学の試験の点数は比較出来るか．また，それらの合計点にはどんな意味があるか．

例 1.2 （角度） 角度を測るには，通常 °（**度**，degree）を用いる．1/60 度を 1 分，1/60 分を 1 秒と称して，例えば 27 度 17 分 35 秒は 27°17′35″ と表す．また，微分積分においては rad（**ラジアン**）を用いる．$360° = 2\pi$ rad である（$\pi = 3.14159265358979\cdots$ は円周率）※4.

※4 角度の別の単位として grad があるが，ほとんど用いられない．100 grad = 90°.

問 1.6

(1) 🖩 27°17′35″ は（小数で）何度か．

(2) 100° は何 rad か．また，100 rad は何度か．

問 1.7 2 時 15 分の時計の長針と短針の角度は何度何分か？

例 1.3 （モル） 分子の化学反応を扱うとき，物質量の単位として mol（モル）を用いる．602214076000000000000000 ※5 個の分子の量が 1 mol であり，その質量は，分子量に g（グラム）をつけたものにほぼ等しい※6.

例えば，水素 H_2 は 1 mol が 2 g，酸素 O_2 は 1 mol が 32 g である．

※5 6.02×10^{23} を用いることが多い．これを**アボガドロ定数**という．

※6 1 mol の気体の体積は，0°C，1 気圧で，約 22.4 L となる．

問 1.8 水素 10 g と酸素 10 g が反応すると，何 g の水ができるか？
（ヒント：反応式は $2H_2 + O_2 \rightarrow 2H_2O$ であるから，2 mol の水素と 1 mol の酸素が反応して 2 mol の水が出来る．）

具体的数値を扱うときは，常にその値が妥当かどうかを考えることが肝要である．例えば，面積や体積は必ず正または 0 の数値となる※7．また，温度は −273.15°C（絶対零度）より下にはなりえない．あるいは，20°C で食塩水の濃度は 26.38 % を超えない※8.

※7 「正または 0 である」ことを「非負」と表現することもある．

※8 「理科年表」の溶解度の項参照．

差と割合 2 つの量（数値）A, B を比べるのに，その差 $|A - B|$ を見る場合と，その比 $\dfrac{A}{B}$（または $\dfrac{B}{A}$）を見る場合とがある．例えば，去年の身長と今年の身長を比べるとき，普通はその差を見る．また，価格の値下げを行うときは，その大きさを元の価格に対する値引きの割合で表すことが多い．例えば「20 %引きセール」は，価格の比が 0.8 であることを意味する．

割合は，分数，小数，または小数を 100 倍した**百分率**（%パーセント）で表す．また，日本古来の「割，分，厘」を用いることもある（打率，割引率など）．

問 1.9　定価から 1 割値上げした品物を 1 割引セールで売ったときの価格は，もとの定価の何割になるか．

例 1.4　ある感染症の A 県と B 県と全国の感染者数は次のようであった．

県	感染者数（人）	百万人当たり（人）	人口密度（人/km^2）
A 県	637	84.3	1,457.77
B 県	226	113.7	185.87
全国	15,014	119.0	337.24

感染者数だけから，A 県の方が感染しやすいと結論できるだろうか．当然人口が多い方が感染者数は多いはずだから，百万人あたりの感染者数を比較すると，B 県のほうが感染者の割合が大きいことがわかる．また，人口密度が高いほど感染しやすいと考えられるので，感染者の百万人あたりの割合と人口密度を比較すると，B 県の方が感染率者の率が人口密度に比してもかなり高くなっている．さらに，全国の数値を見ると，もっと感染者の割合が多い（密度が濃い）県があることがわかる．（ここでは，割合を表すのに小数や百分率を用いると数値が小さくなりすぎるので，百万人あたりの人数にした．また，桁数の多い数を表すときは 3 桁ずつカンマで区切る事が多いが※9，その場合小数点と混同しないよう注意が必要である．）

※9　日本での数の数え方（万，億，兆，...）に合わせて，4 桁区切りにしたほうが良いという説もある．

問 1.10🖩　ある池で 120 匹の魚を捕獲して，それらの背びれにマークをつけて池に放ち，しばらくしてから今度は 134 匹の魚を捕獲したところ，そのうちの 17 匹にマークがあった．この池の魚の数はおよそ何匹と考えられるか．

問 1.11　体重が 100 kg で，その 99 %が水分であるような人がいたとする．この人が炎天下でテニスをしたところ，水分を失って体重が減少し，水分が体重の 98 %となった．この人が失った水分の重さはどのくらいか．（まずは，計算しないでどのくらいになりそうか推測してみよ．）

近似値と有効数字　2020 年における全世界の人口は約 7,795,000,000 人である．何千何百何十何人までの正確な人口は（刻々変化しているし，調べる手段もないので）わからないし，知る必要もない．

このように，我々が扱う数値の中で，正確な値が測れない（あるいは測る必要がない）ものも多い．そのようなとき，数値を必要なだけの桁数で取り扱う．これを**近似値**という．近似値を表すのに記号 ≒ を使うことがある※10．近似値と正確な値との差を**誤差**という．

真の値 x が分からなくても，測定値 x' と（推測される）誤差 $\epsilon = |x - x'|$ が分かっていれば，真の値は $x' - \epsilon \leqq x \leqq x' + \epsilon$ の範囲にあることが分かる※11．

> **例 1.5** 愛知県の人口を N 人とすると $N = 7541123$（2020 年）であって，近似値は例えば $N \fallingdotseq 7540000$ （約 754 万人）である．

この例で，7540000 の上から 3 桁が正しい数字である．このように，近似値の中で正しい部分の数字を**有効数字**という．正確な値から近似値を導くときは通常 **四捨五入**を用いる．即ち，必要な部分の次の桁の数字 n が $0 \leqq n \leqq 4$ ならその桁以下を切り捨て，$5 \leqq n \leqq 9$ なら一つ上の桁に 1 を加えて右の桁をすべて 0 にする（切り上げ）．

例えば，7541123 を上から 2 桁目（10 万の位）で四捨五入すると 8000000 になり，上から 4 桁目（千の位）で四捨五入すると 7540000 となる．

逆に，近似値 7540000 において千の位を四捨五入したことが分かっていれば，真の値 N は $7535000 \leqq N < 7545000$ の範囲にあることが分かる．

負の数を四捨五入するときには，5 の取り扱いについて複数のやり方があるので注意が必要である※12．

実数 x に対して x を超えない最大の整数を $[x]$ で表す※13．（$x > 0$ のとき $[x]$ は x の整数部分である．）この記号を用いると，x を小数第 1 位で四捨五入した数は $[x + 0.5]$ と表せる．

> **問 1.12** 実数 x を小数第 3 位で四捨五入した数を，記号 [ ] を使って表せ．

有効数字がはっきりわかるよう，実数を $x \times 10^n$ の形に表す表示法を**科学的表記**あるいは**科学的記数法** (scientific notation) という．ここで，有効数字の部分 x は $1 \leqq |x| < 10$ なる小数で**仮数**といい，n は整数で**指数**という※14．例えば，数 2,340,000 で 2340 の部分が有効数字のとき，これを 2.340×10^6 と表す． 科学的記数法を使うと，非常に大きい数や非常に小さい（ 0 に近い）数を見やすく表すことが出来る．

関数電卓においても，表示を科学的記数法に切り替えられるものがある．

> **例 1.6** 太陽の質量は約 1988920000000000000000000000000 kg であるが，これを科学的記数法で表すと 1.98892×10^{30} kg となって見やすく，他の数との大きさの比較も容易である．

> **問 1.13** 0.002340 で 2340 の部分が有効数字のとき，これを科学的表記で表せ．

※10 記号 $\approx$ を使うこともある．

※11 ギリシャ文字 ϵ（イプシロン）は，小さい（0 に近い）量を表すのに用いられる．

※12 例えば -2.35 を小数第 2 位で四捨五入したとき，-2.4 とするやり方と -2.3 とするやり方がある．

※13 $[x]$ は**ガウス記号**という．あるいは**床関数**といって $\lfloor x \rfloor$ とも表す．

※14 計算機の分野では，仮数の部分を $0 < x < 1$ なる小数で表す**浮動小数点表示**も用いられる．

一般に，近似値の間で足し算引き算を行うときは，結果の有効数字の最小の桁を，使った数値の有効数字の最大の桁に揃える．また，掛け算割り算のときは，結果の有効数字の桁数を，使った数値の有効数字の最小の桁数に揃える．

例 1.7　名古屋市の人口約 2320000 人と豊田市の人口約 423500 人の合計は，万の桁に揃えて $2320000 + 420000 =$（約）2740000 人．

近似値に対して複数の計算を続けて行うときは，途中で四捨五入を行わず，ひと桁分あるいはそれ以上の正確な値を使って計算し，最後に四捨五入を行う．また，計算式を数学的に同値な他の形に変えて計算したほうが計算の精度が良い場合もある．

例 1.8　$1.0 + \underbrace{0.01 + \cdots + 0.01}_{100\,個}$ をこの順に小数第 2 位を四捨五入しながら足すと，第 2 項以下は切り捨てられて答は 1.0 となるが，途中で四捨五入を行わないで足すと答は 2.0 となる．

例 1.9　$\sqrt{1001} \fallingdotseq 31.64$，$\sqrt{1000} \fallingdotseq 31.62$ を使って差 $\sqrt{1001} - \sqrt{1000}$ を計算すると答は 0.02 となるが，

$$\sqrt{1001} - \sqrt{1000} = \frac{1}{\sqrt{1001} + \sqrt{1000}}$$

の右辺を使うとより正確な答 0.01581 が得られる※15．

※15　真の値は $0.0158074374 \cdots$．

一般に，差が非常に大きい数同士の足し算や，差がほとんどない数同士の引き算は大きな誤差（**桁落ち**という）が出やすいので注意が必要である．

章末問題

1.1 2 桁の自然数を加えたときの答が 4 桁の自然数になるような 3 桁の自然数 のうち，最小のものを求めよ．

1.2 次の有理数を既約分数で表せ．

(1) $\frac{1}{3}+\frac{1}{5}+\frac{1}{7}+\frac{1}{9}+\frac{1}{11}$

(2) $\cfrac{1}{3+\cfrac{1}{5+\cfrac{1}{7+\cfrac{1}{9}}}}$

1.3 🖩 次の式の値を計算せよ．

(1) $1.262\times(2.371+0.594)\div(4.062-3.754)$

(2) $(5.12+2.34\times 2+6.22+4.56\times 3)\div 7$

1.4 $a,b,c,d>0$ とする．$\frac{a}{b}<\frac{c}{d}$ ならば $\frac{a}{b}<\frac{a+c}{b+d}<\frac{c}{d}$ であることを示せ．

1.5 🖩 質量が $M\,\mathrm{kg}$ と $m\,\mathrm{kg}$ の 2 つの物体が $r\,\mathrm{m}$ だけ離れているとき，この 2 つの物体間に働く万有引力は $F=R\frac{Mm}{r^2}\,\mathrm{N}$（ニュートン）である（$R$ は万有引力定数で $R=6.67\times10^{-11}\mathrm{m^3kg^{-1}s^{-2}}$）．今，地球の半径を $6380\,\mathrm{km}$ とし，地球上での重力加速度を $9.80\,\mathrm{m/s^2}$ とするとき，地球の質量と密度を求めよ．ただし，地球の自転による遠心力は考えないものとする※16．

※16 ここで，斜体（イタリック）の m は質量を表し，立体（ローマン）の m は長さの単位のメートルを表す．

1.6 A の容器に濃度 12 %の食塩水が 100 g，B の容器に濃度 4 %の食塩水が 100 g 入っている．今，A の容器から x g，B の容器から y g の食塩水を取り出し，それぞれを他方の容器に入れてよくかき混ぜたところ，A の食塩水の濃度は 10 %，B の食塩水の濃度は 7 %になった．このとき，x,y の値を求めよ．

1.7 ある数 x を小数第 2 位で四捨五入して，さらに小数第 1 位で四捨五入したら 3 になった．この x の値の可能な範囲を求めよ．

2 整数

2.1 約数と倍数

0 でない整数 a が整数 b を割り切る（即ち $b = ac$ となる整数 c が存在する）とき，a を b の**約数**，b を a の**倍数**といい，$a \mid b$ と表す．± 1 はすべての整数の約数であり，0 は 0 を除くすべての整数の倍数である．また，0 を除くすべての整数は自分自身の約数でありかつ倍数である．

素数 1 と自分自身以外に正の約数を持たない 2 以上の整数を**素数**という[※1]．素数を小さいものから順番に挙げると $2, 3, 5, 7, 11, \ldots$ となる．

※1 1 は素数ではない．

有限個の素数の集合 $p_1, p_2, \ldots, p_n$ に対して，$m = p_1 p_2 \cdots p_n + 1$ とおくと，m は $p_1, p_2, \ldots, p_n$ のどれでも割り切れないので $p_1, \ldots . p_n$ のどれとも異なる素数が存在することになる．従って，素数は無限に多く存在する．

問 2.1 現在知られている最大の素数は何か．

任意の整数 n は $n = \pm p_1^{e_1} p_2^{e_2} \cdots p_r^{e_r}$ （$p_1, p_2, \ldots, p_r$ は相異なる素数，$e_1, \ldots, e_r$ は自然数）の形に**素因数分解**できる．素数 $p_1, p_2, \ldots, p_r$ を n の**素因数**という．非常に大きな素数の積となっている整数を素因数分解するには，コンピュータを用いても長い時間がかかる[※2]．

※2 このことはデータの暗号化に用いられる．

問 2.2 504 および 9075 を素因数分解せよ．

公約数と公倍数 整数 a, b, d において $d \mid a$ かつ $d \mid b$ のとき，d を a, b の**公約数**という．a, b の公約数のうち最大のものを**最大公約数**といい $\gcd(a, b)$ で表す[※3]．例えば $\gcd(12, 18) = 6$．

※3 gcd は greatest common divisor の略．$\gcd(a, b)$ は単に (a, b) と書くこともある．

また，$a \mid m$ かつ $b \mid m$ のとき，m を a, b の**公倍数**という．a, b の正の公倍数のうち最小のものを**最小公倍数**といい $\mathrm{lcm}(a, b)$ で表す[※4]．例えば $\mathrm{lcm}(12, 18) = 36$ である．

※4 lcm は least common multiple の略．$\mathrm{lcm}(a, b)$ は単に $[a, b]$ と書くこともある．

2 つの整数 a, b の素因数分解を $a = \pm p_1^{e_1} p_2^{e_2} \cdots p_r^{e_r}$, $b = \pm p_1^{f_1} p_2^{f_2} \cdots p_r^{f_r}$ （$p_1, \ldots, p_r$ は相異なる素数，$e_1, \ldots, e_r$, $f_1, \ldots, f_r$ は非負整数）とする．各 i に対して $g_i = \min(e_i, f_i)$, $h_i = \max(e_i, f_i)$ とすると，

$$\gcd(a, b) = p_1^{g_1} p_2^{g_i} \cdots p_r^{g_r}, \quad \mathrm{lcm}(a, b) = p_1^{h_1} p_2^{h_i} \cdots p_r^{h_r}$$

となる．ここで，$\min(x, y)$ は x, y のうち大きくない方を，$\max(x, y)$ は

x, y のうち小さくない方を表す.

例 2.1 $1800 = 2^3{\cdot}3^2{\cdot}5^2$, $3780 = 2^2{\cdot}3^3{\cdot}5{\cdot}7$ であるから, $\gcd(1800, 3780) = 2^2 \cdot 3^2 \cdot 5 = 180$, $\mathrm{lcm}(1800, 3780) = 2^3 \cdot 3^3 \cdot 5^2 \cdot 7 = 37800$ である.

大きな整数に対しては素因数分解に手間がかかるため, 最大公約数, 最小公倍数を求めるには次節の「ユークリッドの互除法」を用いるとよい.

整数 a と自然数 b に対し, a を b で割って余りを求める計算は

$$a = bq + r \quad (q, r \text{ は整数で } 0 \leqq r < b)$$

と表せる. ここで q を**商**, r を**剰余**または**余り**という. 例えば 17 を 5 で割ると $17 = 5 \times 3 + 2$ で, 商は 3, 余りは 2 である. また, -23 を 7 で割ると $-23 = 7 \times (-4) + 5$ で, 商は -4, 余りは 5 である.

次の定理は以下の基本となる. ▶サポート 2.1

基 本 定 理

a, b を整数とする. x, y が整数を動くとき, $ax + by$ の形の整数全体の集合は $\gcd(a, b)$ の倍数全体の集合と一致する.

例 2.2 $a = 4, b = 7$ とする. $\gcd(4, 7) = 1$ であるから, 上の定理により, $4x + 7y$ の形の整数全体の集合は 1 の倍数全体, 即ち整数全体と一致する. つまり, どんな整数も $4x + 7y$ の形で表せる※5. 例えば,

$0 = 4{\cdot}0+7{\cdot}0$, $1 = 4{\cdot}2+7{\cdot}(-1)$, $2 = 4{\cdot}(-3)+7{\cdot}2$, $3 = 4{\cdot}(-1)+7{\cdot}1, \ldots$

※5 一つの n に対し, $n = 4x + 7y$ となる x, y の組は無数にある.

問 2.3 5 および 10 を $4x + 7y$ の形で表せ.

2.2 ユークリッドの互除法

正の整数 a, b に対して, その最大公約数 $\gcd(a, b)$ を効率良く求めるアルゴリズムが, 次の**ユークリッドの互除法**である.

ユ ー ク リ ッ ド の 互 除 法

$a_0 = a$, $a_1 = b$ とおく. a_0 を a_1 で割った商を q_1, 余りを a_2 とする. 即ち $a_0 = a_1 q_1 + a_2\,(0 \leqq a_2 < a_1)$.

同様にして a_1 を a_2 で割った商を q_2, 余りを $a_3, \cdots$ と続けていくと, $a_1 > a_2 > a_3 > \cdots$ だから何回目か (k 回目とする) で $a_{k+1} = 0$ となる. 即ち,

$$\begin{cases} a_0 = a_1 q_1 + a_2 & (0 < a_2 < a_1) \\ a_1 = a_2 q_2 + a_3 & (0 < a_3 < a_2) \\ \cdots \\ a_{k-2} = a_{k-1} q_{k-1} + a_k & (0 < a_k < a_{k-1}) \\ a_{k-1} = a_k q_k + a_{k+1} & (a_{k+1} = 0) \end{cases}$$

このとき，$\gcd(a_0, a_1) = \gcd(a_1, a_2) = \cdots = \gcd(a_k, a_{k+1}) = a_k$ であって，a と b の最大公約数 a_k が求まる．

例 2.3　$a = 282$ と $b = 222$ の最大公約数を求める．ユークリッドの互除法を行うと，

$$\begin{cases} 282 = 222 \times 1 + 60 \\ 222 = 60 \times 3 + 42 \\ 60 = 42 \times 1 + 18 \\ 42 = 18 \times 2 + 6 \\ 18 = 6 \times 3 + 0 \end{cases}$$

となって，$\gcd(282, 222) = 6$ である．

2 つの整数 a, b の最大公約数と最小公倍数について

$$\gcd(a, b) \cdot \mathrm{lcm}(a, b) = \pm ab$$

が成り立つので，最大公約数が求まれば最小公倍数は簡単に求まる．▶サポート 2.2

問 2.4　1591 と 1517 の最大公約数と最小公倍数を，ユークリッドの互除法を用いて求めよ．

2.3　mod 計算

自然数 N に対して，整数全体を N で割ったときの余り（**剰余**）で分類することを考える．これは，整数の様々な問題を考える上で非常に有効な方法である．

2つの整数 a, b に対して，$a-b$ が N で割り切れるとき（即ち $N \mid (a-b)$ のとき）

$$a \equiv b \pmod N$$

と表して，「a と b は N を法として（あるいは $\bmod N$ で）**合同**である」という．これは，a を N で割った余りと b を N で割った余りが等しいことと同値である．

N で割った余りが等しいような整数全体の集合を，N を法とした**剰余類**という．剰余類は $0, 1, 2, \ldots, N-1$ の各余りに対して 1 つずつ，計 N 個ある．例えば 7 を法とすると，$\{\ldots, -7, 0, 7, 14, \ldots\}$ は 1 つの（余りが 0 の）剰余類であり，$\{\ldots, -2, 5, 12, 19, \ldots\}$ は別の（余りが 5 の）剰余類である．

mod 計算の性質

(i) $N \mid a \Leftrightarrow a \equiv 0 \pmod{N}$

(ii) $a \equiv b \pmod{N} \Leftrightarrow b \equiv a \pmod{N}$

(iii) $a \equiv a' \pmod{N}, b \equiv b' \pmod{N}$ ならば
$(a \pm b) \equiv (a' \pm b') \pmod{N}$（複号同順），$ab \equiv a'b' \pmod{N}$

即ち，mod の世界では，$\equiv$ を $=$（等号）と同じように考えて足し算，引き算，掛け算を行ってよい．（割り算については後で述べる．）

例 2.4 時計の時刻は mod 12 の世界である[※6]．例えば（午前）8 時から 7 時間後は $8 + 7 = 15 \equiv 3 \pmod{12}$ で（午後）3 時．

※6 24 時制で考えるときは mod 24 の世界．

問 2.5 次の計算を mod 7 で行い，結果を $0 \leqq n \leqq 6$ の範囲の整数 n で表せ．（先に個々の数を 7 で割った余りを求めてから計算するとよい．）

$123 + 321,\ 356 - 254,\ 123 \times 321$

問 2.6 次の合同式をみたす整数 $n\,(0 \leqq n \leqq 12)$ を求めよ．

(1) $n \equiv 123 + 654 \pmod{13}$

(2) $n \equiv -123 \pmod{13}$

(3) $n \equiv 123 \times 654 \pmod{13}$

(4) $123n \equiv 648 \pmod{13}$

整数がある数の倍数かどうかに注目すると，計算の誤りを発見出来ることがある．例えば，$312456 \times 3122 = 975487622$ は，2 つの偶数の積が 4 の倍数になっていないので間違いとわかる[※7]．

※7 整数 n が 4 の倍数であるのは，n の下（しも）2 桁が 4 の倍数のときである．

$N = 3$ または 9 とする．$r+1$ 桁以下の整数を $m = a_r a_{r-1} \cdots a_1 a_0$ (a_i は各桁の数で $0 \leqq a_i \leqq 9$) とすると，$m = 10^r a_r + 10^{r-1} a_{r-1} + \cdots + 10 a_1 + a_0$ である．$10^n \equiv 1 \pmod{N}$ であるので，「$m \equiv 0 \pmod{N} \Leftrightarrow a_0 + a_1 + \cdots + a_r \equiv 0 \pmod{N}$」が成り立つ．即ち，$m$ の各桁の数の和が N の倍数ならば，m は N の倍数である．例えば，12345 は，$1+2+3+4+5 \equiv 0 \pmod{3}$ であるから 3 の倍数である．

$N = 7, 11, 13$ についても類似の倍数の判定法がある．▶サポート 2.3

問 2.7 2 桁目が欠けている 6 桁の数 $2x5782$ が 9 の倍数である事がわかっているとき，2 桁目の数 $x\,(0 \leqq x \leqq 9)$ を求めよ．

例 2.5　1 週間の曜日を，例えば 日 $=0$，月 $=1$，...，土 $=6$ と数で表しておくと，曜日は $\bmod 7$ の世界になる．1 年間は 365 日で，$365 \equiv 1 \pmod 7$ だから，1 年後には曜日が 1 つ（うるう年の 2 月 29 日をまたぐと 2 つ）ずれる．

例えば，2022 年 4 月 1 日は金曜日 $=5$ だから，2023 年の 4 月 1 日は $5+365 \equiv 5+1 \equiv 6 =$ 土曜日となる．

コラム　「ツェラーの公式」

例 2.5 の考え方を発展させて，与えられた日の曜日を求めるのが次の「ツェラーの公式」である

西暦 $(1900+x)$ 年 y 月 z 日の曜日を求める．ただし，$1 \leqq x \leqq 199$ とする．さらに $y \leqq 2$ のときは，x から 1 を引いたものを新たに x とし，y に 12 を足したものを新たに y として，

$$c = x + \left[\frac{x}{4}\right] + [30.6 \times (y-3) + 0.5] + z + 3$$

とおく（$[w]$ は w を超えない最大の整数を表すガウスの記号）．このとき，$c \equiv n \pmod 7$ $(0 \leqq n \leqq 6)$ であるとすると，$n=0$ ならその日は日曜日，$n=1$ なら月曜日，...，$n=6$ なら土曜日である．

例.　2021 年 4 月 1 日の曜日を求めてみる．

$x=121$，$y=4$，$z=1$ である．これより $c = 121 + \left[\frac{121}{4}\right] + [30.6 \times 1 + 0.5] + 1 + 3 = 121 + 30 + 31 + 4 \equiv 2+2+3+4 \equiv 4 \pmod 7$ で，この日は木曜日と分かる．

問.　2000 年 1 月 1 日は何曜日か．

2.4　mod の世界の割り算

通常の数の割り算において，a を $b (b \neq 0)$ で割るということは，a に b の逆数 b^{-1} を掛けることである．そして，b の逆数とは $bx=1$ となる x のことであった．

この真似をして mod の世界で割り算をやろうとすると，$bx \equiv 1 \pmod N$ となる x（$\bmod N$ での b の逆数）が必要となる．しかし，このような x は $b \neq 0$ でも存在するとは限らない．例えば，$2x \equiv 1 \pmod 6$ となる x は存在しない（何故か？）．

整数 a に対して $ax \equiv 1 \pmod N$ となる x が存在するとき，$ax = 1+kN$ となる k がある．これより $ax - kN = 1$ であるから，**2.1 節**の「定理」により，$\gcd(a, N) = 1$ ※8 である．即ち

「a に $\bmod N$ で逆数 a^{-1} が存在する」 $\Leftrightarrow \gcd(a, N) = 1$

が成り立つ．

※8　このとき，a と N とは**互いに素**であるという．

例 2.6 $\gcd(5,7)=1$ であるから $5x \equiv 1 \pmod 7$ となる x が存在する．実際，$x=3$ とすれば $5 \times 3 \equiv 1 \pmod 7$ 即ち $5^{-1} \equiv 3 \pmod 7$ である[※9]．

※9 ここでの 5^{-1} は，実数としての $\frac{1}{5}$ とは全く異なる．

問 2.8 10 の mod 13 での逆数を求めよ．また，$10x \equiv 7 \pmod{13}$ となる x を $0 \leqq x \leqq 12$ の範囲で求めよ．

mod N での逆数を効率良く求めるのに，**2.2 節**の互除法が使える．

ユークリッドの互除法による mod N での逆数の求め方

$a_0=a, a_1=N$ からスタートする互除法を行って，最後に $a_k = \gcd(a, N)=1$ が得られたとする．

互除法の最初の式から $a_2 = a - q_1 N$ となる．これを第 2 式に代入すると $a_3 = a_1 - a_2 q_2 = N - (a - q_1 N)q_2 = a(-q_2) + (1 + q_1 q_2)N$ と，a_3 が $ax + Ny$ の形で表せる．

以下同様に，上の式を下の式に代入して整理すれば，$1 = a_k = ax + Ny$ となる x, y が求まる．このとき $ax \equiv 1 \pmod N$ で，a の mod N での逆数 x が求まる．

例 2.7 5 の mod 13 での逆数を求める．13 と 5（順序は逆でもよい）で互除法をスタートして (1) $13 = 5 \times 2 + 3$，(2) $5 = 3 \times 1 + 2$，(3) $3 = 2 \times 1 + 1$．

ここで，(1) より $3 = 13 - 5 \cdot 2$．この式を (2) へ代入して $2 = 5 - (13 - 5 \cdot 2) = 5 \cdot 3 - 13$．さらにこの式を (3) へ代入して $1 = 3 - 2 = (13 - 5 \cdot 2) - (5 \cdot 3 - 13) = 13 \cdot 2 + 5 \cdot (-5)$ となる．

これより $5 \cdot (-5) \equiv 1 \pmod{13}$ で，$5^{-1} \equiv (-5) \equiv 8 \pmod{13}$ が求まる[※10]．

※10 この代入の計算を，漸化式を使って効率よく行うこともできる．▶サポート 2.4

問 2.9 5 の mod 23 での逆数を求めよ．

コラム （リーグ戦の対戦表）

サッカーの J1 リーグは 20 チームで構成され[※11]，各チームがホームアンドアウェイで 2 回ずつ総当たりで対戦する．年間の総試合数は 380 試合で，1 つの節での試合数は 10 試合だから，$380 \div 10 = 38$ 節の試合を行う．このようなリーグ戦の日程（対戦表）の作り方を考える．

$2n$ 個のチーム $t_x, t_0, t_1, \ldots, t_{2n-2}$ からなるリーグで，1 つの節に n 試合を行い，（簡単のために）各チームは 1 回ずつ対戦するとする（t_x チームには番号をつけない）．このとき，節（試合日）の数は $2n(2n-1)/2n = 2n-1$

※11 年によって異なる．

である．

節の番号を $r = 1, 2, \ldots, 2n-1$ としたとき，第 r 節においてチーム $t_i\,(i = 0, 1, 2, \ldots, 2n-2)$ は，$2i \equiv r \pmod{2n-1}$ のときチーム t_x と対戦し，そうでないとき $i + j \equiv r \pmod{2n-1}$ となるチーム t_j と対戦することにする．これで，各チームが1回ずつ総当たりで対戦するリーグ戦の対戦表ができる．（チーム数が奇数のときは，余分に一つダミーのチームを入れて対戦表を作り，ダミーのチームと対戦するチームはお休みとすればよい．）

例えば，$n = 4$ で8チームのリーグ戦のときの対戦表は次のようになる．ここで，x は t_x チームを，$i\,(i = 0, 1, 2, \ldots, 6)$ は t_i チームを表す．

節 (r)	対戦
1	x-4, 0-1, 2-6, 3-5
2	x-1, 0-2, 3-6, 4-5
3	x-5, 0-3, 2-1, 4-6
4	x-2, 0-4, 1-3, 5-6
5	x-6, 0-5, 1-4, 2-3
6	x-3, 0-6, 1-5, 2-4
7	x-0, 1-6, 2-5, 3-4

章末問題

2.1 60 および 1001 を素因数分解せよ．また，これらの数の正の約数をすべて挙げよ．

2.2 縦 16 cm 横 18 cm の長方形を，一つの正方形の中に同じ向きに詰め込むとする．このとき，隙間なく詰め込むことが出来るような正方形の一辺の長さの最小値を求めよ．

2.3 次の式の値を $\bmod 7$ で計算した結果を，$0 \leqq n \leqq 6$ の範囲の整数 n で答えよ．

(1) $121 - 347$　　(2) 234×459　　(3) 375^4

2.4 2^{100} の 1 の位の数は何か．（ヒント：$\bmod 10$ で考えよ．）

2.5 $a = 256, N = 123$ について，$\bmod N$ での a の逆数 $x \equiv a^{-1} \pmod N$ と，$ay \equiv 100 \pmod N$ となる y を求めよ．ただし，$0 \leqq x \leqq N - 1, 0 \leqq y \leqq N - 1$ とする．

3 複素数

3.1 複素数

普段我々が扱う数値は実数であるが，科学技術の様々な分野で更に広い範囲の数が有用となる．

今，$x^2 = -1$ となる「数」x が存在するとして，そのうちの一つを $x = i$ で表す[※1]（もう一つは $x = -i$ となる）．a, b を実数として，$a + bi$ の形の数を**複素数**，そのうち $b \neq 0$ のものを**虚数**，$a = 0, b \neq 0$ のものを**純虚数**という．

※1 i は imaginary number（虚数）の頭文字である．分野によっては j で表すこともある．

複素数同士の演算は，i を文字（不定元）として計算し，さらに $i^2 = -1$ とおいて行う．例えば $(2+3i)(-1+2i) = -2+i+6i^2 = -2+i-6 = -8+i$.

複素数は通常アルファベットの小文字 z, w あるいはギリシャ文字の小文字 $\alpha, \beta, \zeta, \ldots$ を用いて表す．

問 3.1 $(2-i)(-1+3i)$, $\dfrac{2-i}{-1+3i}$ を $a + bi$ の形で表せ．

複素数 $z = a + bi$ において，実数 a を z の**実部**といって $\mathrm{Re}(z)$ で表し，実数 b を z の**虚部**といって $\mathrm{Im}(z)$ で表す．特に，$\mathrm{Im}(z) \neq 0$ である z を**虚数**といい，そのうちで $\mathrm{Re}(z) = 0$ のものを**純虚数**という．

複素数 $z = a + bi$ に対して，$\overline{z} = a - bi$ を z の**共役**，$|z| = \sqrt{a^2 + b^2}$ を z の**絶対値**という．このとき $|z|^2 = z\overline{z} = a^2 + b^2 \geqq 0$ である．また，$z = 0 \Leftrightarrow |z| = 0$ であり，$z \neq 0$ のとき $\dfrac{1}{z} = \dfrac{\overline{z}}{z \cdot \overline{z}} = \dfrac{a - bi}{a^2 + b^2}$ である．

問 3.2 $z = 2 + 3i$ の共役複素数 $\overline{z}$，絶対値 $|z|$ および逆数 $z^{-1} = \dfrac{1}{z}$ を求めよ．

3.2 複素平面と極形式

複素数 $z = x + yi$ に対して xy 平面上の点 (x, y) を対応させて複素数全体を平面で表したものを**複素平面**[※2]あるいは**ガウス平面**といい，x 軸を**実軸**，y 軸を**虚軸**という．

※2 「複素数平面」ともいう．

更に平面の極座標を使うと，$z = r(\cos\theta + i\sin\theta)$ と表せる．これを複素数 z の**極形式**という．ここで，$r = \sqrt{x^2 + y^2} = |z|$ は z が表す点と原点と

の距離であり，θ は原点と z を表す点とを結ぶ線分が実軸となす角度で，z の**偏角**という（反時計回りを正の角度とする）．偏角を $\theta = \arg(z)$ と書く．

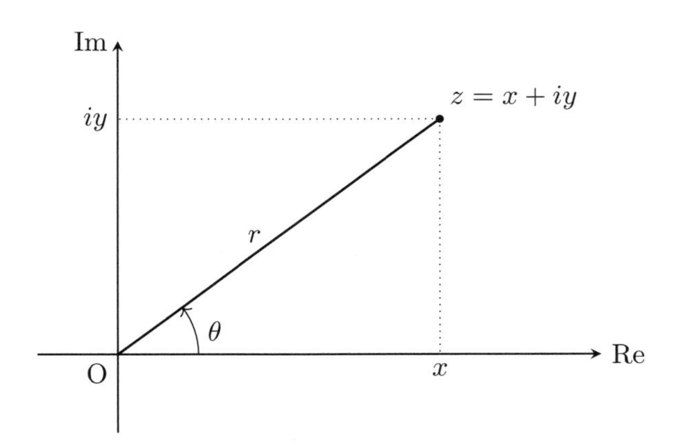

図 3.1 複素平面

偏角は 2π ラジアン（あるいは $360°$ ）の整数倍の差を除いて定まるが，通常，偏角 θ は $0 \leqq \theta < 2\pi$ （または $-\pi \leqq \theta < \pi$ ） の範囲に制限することが多い[※3]．

※3 以下，偏角の間の等号は，2π ラジアン（あるいは $360°$ ）の整数倍の差を除いて成り立っているものとする．

例 3.1 $z = 3 + 3\sqrt{3}i$ を極形式で表す．

$r = |z| = \sqrt{3^2 + (3\sqrt{3})^2} = 6$ であるから，$z = 6\left(\dfrac{1}{2} + \dfrac{\sqrt{3}}{2}i\right) = 6\left(\cos\dfrac{\pi}{3} + i\sin\dfrac{\pi}{3}\right)$．

問 3.3 $10 - 10i$ を極形式で表せ．

$z_1 = r_1(\cos\theta_1 + i\sin\theta_1)$, $z_2 = r_2(\cos\theta_2 + i\sin\theta_2)$ に対して，三角関数の加法定理[※4] より

※4 第 8 章参照．

$$z_1 z_2 = r_1 r_2(\cos(\theta_1 + \theta_2) + i\sin(\theta_1 + \theta_2))$$

が成り立つ事が分かる．即ち，

$$|z_1 z_2| = |z_1||z_2|, \quad \arg(z_1 z_2) = \arg(z_1) + \arg(z_2).$$

これより，複素平面の原点を O，z を表す点を P として，z に $w = r(\cos\theta + i\sin\theta)$ を掛けた積 zw を表す点を Q とすると，線分 OQ は，OP を点 O を中心として角 θ だけ回転し長さを r 倍した線分になっている．

複素平面において，複素数の加法・減法は平行移動を引き起こし，乗法・除法は拡大縮小と回転を引き起こす．

問 3.4 $z = 1 + 2i$ を，原点を中心として $\dfrac{2\pi}{3}$ 回転して得られる複素数を求めよ．

上記の積の極形式の式を繰り返し用いると，次の**ド・モアブルの公式**が得られる．

ド・モアブルの公式

$z = r(\cos\theta + i\sin\theta)$ のとき，整数 n に対して

$$z^n = r^n(\cos n\theta + i\sin n\theta)$$

例 3.2　$z = -\sqrt{3} + i$ のとき，z^3 を求める．
$z = 2\left(\cos\dfrac{5\pi}{6} + i\sin\dfrac{5\pi}{6}\right)$ であるから，$z^3 = 2^3\left(\cos\dfrac{15\pi}{6} + i\sin\dfrac{15\pi}{6}\right)$
$= 8\left(\cos\dfrac{\pi}{2} + i\sin\dfrac{\pi}{2}\right) = 8i.$

問 3.5　$z = 2 + 2\sqrt{3}i$ を極形式で表し，z^5, z^{-2} を求めよ．

次の**オイラーの等式**は，科学技術の様々な分野でよく用いられる※5．

※5　$\theta = \pi$ と置いた $e^{i\pi} = -1$ を「オイラーの等式」ということもある．

オイラーの等式※6

$$e^{i\theta} = \cos\theta + i\sin\theta$$

（θ は偏角（ラジアン），$e = 2.71828\cdots$ はネピアの数（自然対数の底））

※6　$e^{i\theta}$ における「虚数乗」の意味が不明であるが，ここでは，オイラーの等式を虚数乗の定義と考えておけばよい．

オイラーの等式により，複素数の極形式は $re^{i\theta}$ と表せる．また，三角関数の加法定理は $e^{i\theta}e^{i\phi} = e^{i(\theta+\phi)}$ と簡明な形で表される※7．

※7　オイラーの等式を用いることにより，三角関数と指数関数を統一的に扱うことが出来る．

例 3.3　$z = -\sqrt{3} + i = 2\left(\cos\dfrac{5\pi}{6} + i\sin\dfrac{5\pi}{6}\right)$ であるから，$z = 2e^{\frac{5\pi i}{6}}$ と表せる．即ち，$|z| = 2$, $\dfrac{z}{|z|} = e^{\frac{5\pi i}{6}}$ である．

問 3.6　複素数 $e^{\frac{2\pi k i}{6}}$ $(k = 0, 1, 2, \ldots, 5)$ が表す点を複素平面上にプロットせよ．

章末問題

3.1 $z = 1 + 3i,\ w = 2 - 4i$ のとき，$z + w,\ z - w,\ zw,\ \dfrac{z}{w}$ を $a + bi$ (a, b は実数) の形で表せ.

3.2 (1) $-4 + 4\sqrt{3}i$ を極形式で表せ.

(2) $z^3 = -4 + 4\sqrt{3}i$ となる z をすべて求めよ.

(3) 🖩 $z^2 = 1 + 2i$ となる z をすべて求めよ.

3.3 複素平面の原点からスタートし，(実軸に対して) 角 $\dfrac{\pi}{6}$ の方向に 2 だけ進み，さらに $-\dfrac{\pi}{3}$ の方向に 3 だけ進んで到達する点 (を表す複素数) を求めよ.

3.4 複素平面において，2 点 $2 + 3i,\ 4 - i$ を 2 つの頂点とする正三角形の，他の頂点を表す複素数を求めよ.

4 数列

4.1 数列

データなどの数を 1 列に並べたものを**数列**という．例えば，1 時間毎の気温を $15.2, 15.7, 16.3, 17.2, 17.5, 19.0, \ldots$ （単位は °C）と並べたものは 1 つの数列である[※1]．

※1 プログラミング言語では数列を「(1 次元の) 配列」という．

数列は一般に $a_1, a_2, a_3, \ldots$ などと表し，a_1 を第 1 項（あるいは**初項**），a_2 を第 2 項，a_3 を第 3 項，... という．自然数 n に対して数列の第 n 項 a_n （あるいはそれを n の式で表したもの）を**一般項**という．数列全体を，一般項を使って $\{a_n\}$ で表す．

問 4.1 次の数列の（推測される）一般項 a_n を n の式で表せ．

(1) $1, 3, 5, 7, \ldots$

(2) $\dfrac{1}{2}, \dfrac{3}{4}, \dfrac{5}{6}, \dfrac{7}{8}, \ldots$

(3) $1, -1, 1, -1, 1, \ldots$

(4) $1, 0, 1, 0, 1, 0, \ldots$

等差数列と等比数列　$1, 3, 5, 7, \ldots$ のように，隣り合う項の差が一定の数列を**等差数列**といい，その一定の差を**公差**という．初項が $a_1 = a$，公差が d の等差数列の一般項は $a_n = a + (n-1)d$ である．

問 4.2 初項が 3，公差が 4 の等差数列の一般項を求めよ．また，この数列の第 10 項は何か．

$3, 6, 12, 24, \ldots$ のように，隣り合う項の比が一定の数列を**等比数列**といい，その一定の比を**公比**という．初項が $a_1 = a$，公比が r の等比数列の一般項は $a_n = ar^{n-1}$ である．

例 4.1 元金 10 万円を年利 1 %の複利[※2]で預けたときの n 年後の元利合計を a_n 円とすると，$\{a_n\}$ は，初項 100000，公比 1.01 の等比数列である．（ここでは，初項は a_0 とする．）

※2 年ごとに元金とそれまでの利息を合わせた元利合計に利息がついていく方法を「複利」という．それに対して，最初の元金にのみ利息がついていく方法を「単利」という．

問 4.3🖩 上の例の数列で，一般項と 10 年後の元利合計を求めよ．

4.2　数列の和

$m \leqq n$ として，数列 $a_1, a_2, a_3, \ldots$ の第 m 項から第 n 項までの和を

$$a_m + a_{m+1} + \cdots + a_n = \sum_{k=m}^{n} a_k$$

と表す※3．特に，初項から第 n 項までの和 S_n は $S_n = \sum_{k=1}^{n} a_k$ であって，このとき，もとの数列の一般項は $a_n = S_n - S_{n-1}$ $(n = 2, 3, 4, \ldots)$ となる※4．

数列 $\{a_n\}$ が第 n 番目の何かの個数（度数）を表すとき，S_n は n 番目までの**累積度数**※5 である．

初項 a，公差 d の等差数列の初項から第 n 項までの和は

$$\sum_{k=1}^{n}(a + (k-1)d) = \frac{n(2a + (n-1)d)}{2}$$

となる．また $r \neq 1$ のとき，初項 a，公比 r の等比数列の初項から第 n 項までの和は

$$\sum_{k=1}^{n}(ar^{k-1}) = \frac{a(1 - r^n)}{1 - r}$$

となる．

※3　Σ は，sum（和）の頭文字 S のギリシャ文字（大文字）である．

※4　初項は $a_1 = S_1$ である．

※5　第 10 章「統計の基礎」参照．

問 4.4

(1) 1 から 100 までの自然数の和を求めよ．（この問題はガウスが 7 歳（？）のときに解いたといわれている．）

(2) 初項 3，公比 $\frac{1}{2}$ の等比数列の第 10 項までの和を求めよ．

数列の和の公式

(i) $\sum_{k=1}^{n}(pa_k \pm qb_k) = p\sum_{k=1}^{n} a_k \pm q\sum_{k=1}^{n} b_k$　（p, q は定数，複合同順）

(ii) $\sum_{k=1}^{n} 1 = n$

(iii) $\sum_{k=1}^{n} k = \frac{n(n+1)}{2}$

(iv) $\sum_{k=1}^{n} k^2 = \frac{n(n+1)(2n+1)}{6}$

(v) $\displaystyle\sum_{k=1}^{n} k^3 = \left(\frac{n(n+1)}{2}\right)^2$

例 4.2

(1) $\displaystyle\sum_{k=1}^{10}(k^2-3k+1) = \frac{10\cdot 11\cdot 21}{6} - 3\cdot\frac{10\cdot 11}{2} + 10 = 230.$

(2) $\displaystyle\sum_{k=4}^{15} k^3 = \sum_{k=1}^{15} k^3 - \sum_{k=1}^{3} k^3 = \left(\frac{15\cdot 16}{2}\right)^2 - \left(\frac{3\cdot 4}{2}\right)^2 = 14364.$

問 4.5　次の数列の和を求めよ．

(1) $\displaystyle\sum_{k=1}^{10}(k^3+4k+7)$　　(2) $\displaystyle\sum_{k=10}^{20} k^2$

4.3　漸化式

数列 $\{a_n\}$ において $a_{n+1} = a_n + 2$ $(n = 1, 2, 3, \ldots)$ という関係があれば，この数列は公差が 2 の等差数列である．このような（各 n に対して成り立つ）数列の項の間の関係式を**漸化式**という．今の場合，例えば初項が $a_1 = 3$ であれば，一般項は $a_n = 3 + 2(n-1) = 2n+1$ である．

例 4.3　数列 $\{a_n\}$ が $a_{n+1} = (-3)a_n$ $(n = 1, 2, 3, \ldots)$ という関係式をみたすときこの数列は公比 -3 の等比数列であり，初項が $a_1 = 2$ なら一般項は $a_n = 2\cdot(-3)^{n-1}$ である．

a_{n+1} が a_n で表される 2 項間の漸化式では，初項が決まると $a_2, a_3, a_4, \ldots$ と順番にドミノ倒しのように各項が決まっていくので，いわば「数学的帰納法を式で表した」ようなものと考えられる[※6]．

※6　漸化式を用いて次々と数値を計算していく方法は，プログラミングに適している．

コラム　「フィボナッチ数列」

最初に，生まれたばかりの 1 番い（つがい）（オスメス 1 匹ずつ）のウサギがいたとして，2 ヶ月後に大人のウサギになって 1 番いの子供を産み，以後 1 ヶ月毎に 1 番いの子供を産んでいくとする．また，生まれた子供も同様に 2 ヶ月後から子供を産んでいくとすると，ウサギの数はどのように増えていくだろうか．（ここで，最初の数ヶ月のウサギの数を計算してみよ．）

n ヶ月後のウサギの（番いの）数を a_n とする．$a_0 = a_1 = 1$ である．n ヶ月後のウサギの数は，以前からいたウサギの数と，その月に生まれた赤ちゃんウサギの数の和に等しい．前者は a_{n-1} であり，後者はその月までに生まれて 2 ヶ月以上経った大人のウサギの数 a_{n-2} に等しいから，漸化式

$$a_n = a_{n-1} + a_{n-2} \quad (n = 2, 3, 4, \ldots)$$

が得られる．

これを使って計算したウサギの番いの数は次の通り．これを**フィボナッチ数列**という．

n	0	1	2	3	4	5	6	7	8	9	$\cdots$
a_n	1	1	2	3	5	8	13	21	34	55	$\cdots$

フィボナッチ数列は（不思議なことに）植物の葉の付き方（葉序）や巻き貝の螺旋の数など，自然界の様々な現象に現れる．

フィボナッチ数列の一般項は

$$a_n = \frac{1}{\sqrt{5}}\left(\left(\frac{1+\sqrt{5}}{2}\right)^{n+1} - \left(\frac{1-\sqrt{5}}{2}\right)^{n+1}\right)$$

となる．この式は，例えば行列の固有値（「線形代数」で学ぶ）を使って求めることが出来る．

漸化式から数列の一般項を求めるのは一般に難しいが，例えば次の例のような**2 項線形漸化式**では，**階差数列**を使う方法がある． ▶サポート 4.1

例 4.4 $a_1 = 1,\ a_n = 3a_{n-1} + 4\ (n = 2, 3, 4, \dots)$ で定まる数列 $\{a_n\}$ の一般項を求める．

$a_n = 3a_{n-1} + 4$ を，1 つずらした $a_{n+1} = 3a_n + 4$ から引き算して

$$a_{n+1} - a_n = 3(a_n - a_{n-1})$$

が得られる．$b_n = a_{n+1} - a_n\ (n = 1, 2, 3, \dots)$ とおくと※7，$b_n = 3b_{n-1}$ だから，$\{b_n\}$ は初項が $b_1 = a_2 - a_1 = 7 - 1 = 6$ で公比が 3 の等比数列である．従って $b_n = 6 \cdot 3^{n-1}$．これより，

$$a_n = a_1 + b_1 + b_2 + \cdots + b_{n-1} = 1 + \frac{6(1 - 3^{n-1})}{1 - 3} = 3^n - 2.$$

※7 この数列 $\{b_n\}$ を $\{a_n\}$ の（第 1）階差数列という．複雑な数列でも，何回か階差を取ることによって簡単になることがある．

問 4.6 $a_1 = 1,\ a_n = 2a_{n-1} + 3\ (n = 2, 3, 4, \dots)$ で定まる数列 $\{a_n\}$ の一般項を求めよ．

章末問題

4.1 (1) 初項 7.3，公差 1.2 の等差数列の第 100 項を求めよ．

(2) 🖩 初項 5.7，公比 1.05 の等比数列の第 100 項を求めよ．

4.2 次の和を求めよ．

(1) $\displaystyle\sum_{k=1}^{10}(2k+3)$　(2) $\displaystyle\sum_{k=3}^{10}(1-3k)$　(3) $\displaystyle\sum_{k=1}^{10}(3k^2-2k)$

(4) $\displaystyle\sum_{k=1}^{10}k3^k$　（ヒント：和を S とおいて $3S-S$ を考えよ．）

4.3 第 n 項までの和が $S_n = n^2 + 2n + 1$ であるような数列 $\{a_n\}$ の一般項を求めよ．

4.4 幅 n cm の羊羹を左の端から 1 cm か 2 cm のいずれかの幅で切って行くときの出来上がり（1 cm と 2 cm の羊羹の並び方）の数を a_n とする．a_1, a_2, a_3 の値を求めよ．また，数列 $\{a_n\}$ がみたす漸化式を求めよ．

4.5 $a_1 = 3,\ a_n = -2a_{n-1} + 1\ (n = 2, 3, 4, \ldots)$ で定まる数列 $\{a_n\}$ の一般項を求めよ．

5 ベクトルと行列

5.1 ベクトル

ある地点から南に 1 km 進み，さらに東に 1 km，北に 1 km 進むと，合計 3 km 進んだことになるが，到達したところは最初の場所から東に 1 km の地点になる．このように，「大きさ」のみではなく「方向」も合わせて考えたものを**ベクトル**という[※1]．

※1　ベクトルに対して，普通の数（定数）を**スカラー**という．

幾何ベクトル　平面または空間の 2 点 A, B に対して，A から B に向かう有向線分[※2]を，始点が A，終点が B の（幾何）ベクトルといい $\overrightarrow{\mathrm{AB}}$ で表す．2 つのベクトル $\overrightarrow{\mathrm{AB}}$, $\overrightarrow{\mathrm{CD}}$ において，対応する 2 つの有向線分が同じ向きで同じ長さであるとき[※3]，この 2 つのベクトルは等しい（即ち $\overrightarrow{\mathrm{AB}} = \overrightarrow{\mathrm{CD}}$）と見なす．

※2　1 つの端点から他の端点への方向を考えた線分．矢印で表される．

※3　即ち，2 つの有向線分が平行移動によってぴったり重なるとき．

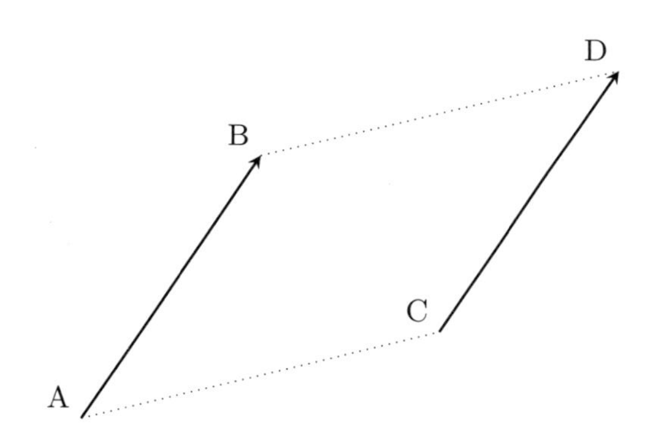

図 5.1　幾何ベクトル

始点，終点を明示しないときは，ベクトルを $\boldsymbol{a}$, $\boldsymbol{b}$, $\boldsymbol{A}$, $\boldsymbol{B}$ 等の太文字または $\vec{a}$, $\vec{b}$ 等の矢印付きの小文字で表す．

ベクトル $\overrightarrow{\mathrm{AB}}$ に対して，線分 AB の長さをベクトル $\overrightarrow{\mathrm{AB}}$ の大きさといい $|\overrightarrow{\mathrm{AB}}|$ で表す[※4]．ベクトル $\overrightarrow{\mathrm{AB}}$ に対して，逆向きのベクトル $\overrightarrow{\mathrm{BA}}$ を $\overrightarrow{\mathrm{AB}}$ の**逆ベクトル**といい $-\overrightarrow{\mathrm{AB}}$ で表す．また，長さ 0 のベクトルを**ゼロベクトル**といい $\boldsymbol{o}$ または $\vec{o}$ で表す[※5]．

※4　**ベクトルの絶対値**ともいう．数の絶対値と区別するため $\|\overrightarrow{\mathrm{AB}}\|$ と表すこともある．

※5　ゼロベクトルは始点と終点が一致する長さ 0 のベクトルで，方向を持たない唯一のベクトルである．

例 5.1　平面において，中心が O の円に内接する正六角形を ABCDEF とすると，$\overrightarrow{\mathrm{AB}} = \overrightarrow{\mathrm{FO}} = \overrightarrow{\mathrm{OC}} = \overrightarrow{\mathrm{ED}}$, $\overrightarrow{\mathrm{AC}} = \overrightarrow{\mathrm{FD}}$ である．

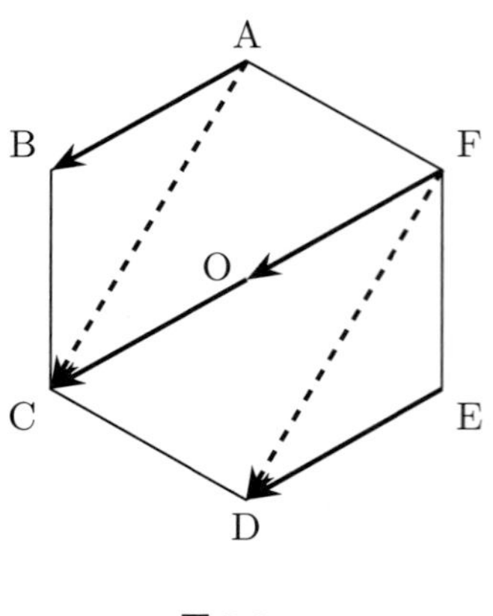

図 5.2

問 5.1　図 5.2 において，$\mathrm{O, A, \ldots, F}$ のいずれかの点を始点または終点とするベクトルのうち，$\overrightarrow{\mathrm{OA}}$ と等しいものをすべて挙げよ．

また，この正六角形の 1 辺の長さが 2 であるとき，$|\overrightarrow{\mathrm{OA}}|$, $|\overrightarrow{\mathrm{AC}}|$ の値を求めよ．

ベクトルの和，差，スカラー倍　2 つのベクトル $\overrightarrow{\mathrm{OA}}$, $\overrightarrow{\mathrm{OB}}$ に対して，OA, OB を隣り合う 2 辺とする平行四辺形の O, A, B 以外の頂点を P とする．このとき，ベクトル $\overrightarrow{\mathrm{OA}}$, $\overrightarrow{\mathrm{OB}}$ の和を $\overrightarrow{\mathrm{OA}} + \overrightarrow{\mathrm{OB}} = \overrightarrow{\mathrm{OP}}$，差を $\overrightarrow{\mathrm{OA}} - \overrightarrow{\mathrm{OB}} = \overrightarrow{\mathrm{BA}}$ と定める※6.

※6　物体に働く力をベクトルで表すと，ベクトルの和は「力の合成」になっている．

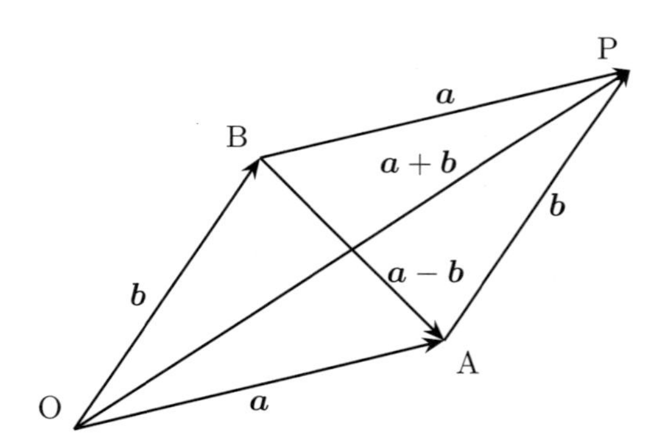

図 5.3　ベクトルの和・差

また，ベクトル $\overrightarrow{\mathrm{AB}}$ と実数（スカラー） k に対して，

$$k\overrightarrow{\mathrm{AB}} = \begin{cases} \overrightarrow{\mathrm{AB}} \text{ と同じ向きで長さが } k \text{ 倍のベクトル} & (k \geqq 0 \text{ のとき}) \\ \overrightarrow{\mathrm{AB}} \text{ と逆向きで長さが } |k| \text{ 倍のベクトル} & (k < 0 \text{ のとき}) \end{cases}$$

と定める．特に $k = -1$ のとき $(-1)\overrightarrow{\mathrm{AB}} = \overrightarrow{\mathrm{BA}} = -\overrightarrow{\mathrm{AB}}$ である．従って $\overrightarrow{\mathrm{OA}} - \overrightarrow{\mathrm{OB}} = \overrightarrow{\mathrm{OA}} + (-\overrightarrow{\mathrm{OB}})$ となる．

2 つのベクトル $\boldsymbol{a}$, $\boldsymbol{b}$ について，

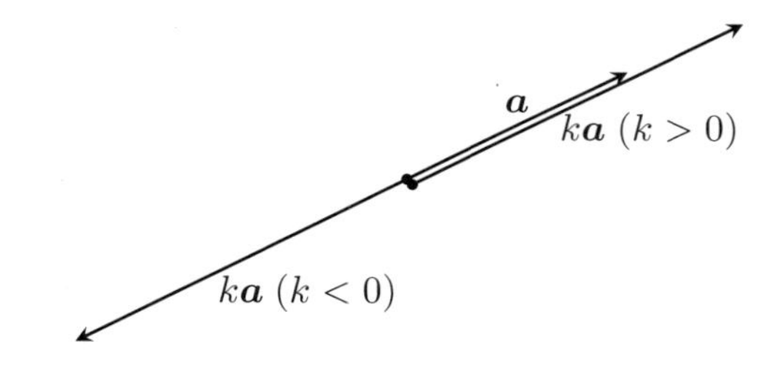

図 5.4　ベクトルのスカラー倍

「$\boldsymbol{a}$ と $\boldsymbol{b}$ が平行」$\Leftrightarrow$「$\boldsymbol{a}=k\boldsymbol{b}$ または $k\boldsymbol{a}=\boldsymbol{b}$ となるスカラー k がある」が成り立つ[※7].

※7　ゼロベクトル $\boldsymbol{o}$ は全てのベクトルと平行（かつ垂直）であると見なす.

例 5.2　図 5.2 において，$\overrightarrow{\mathrm{AB}}+\overrightarrow{\mathrm{AF}}=\overrightarrow{\mathrm{AO}}$, $\overrightarrow{\mathrm{AB}}+\overrightarrow{\mathrm{BF}}=\overrightarrow{\mathrm{AF}}$, $\overrightarrow{\mathrm{OB}}-\overrightarrow{\mathrm{OA}}=\overrightarrow{\mathrm{AB}}$ である．また，$2\overrightarrow{\mathrm{AB}}=\overrightarrow{\mathrm{FC}}$ である．

問 5.2　図 5.2 において，$\overrightarrow{\mathrm{AB}}+\overrightarrow{\mathrm{OD}}$, $\overrightarrow{\mathrm{AB}}-\overrightarrow{\mathrm{CD}}$ と等しいベクトルを挙げよ．

ベクトルの演算（和，差，スカラー倍）は，次のように普通の数の演算と同様の性質を持っている．

ベクトルの演算の性質

(i)　$0\boldsymbol{a}=\boldsymbol{o}$, $1\boldsymbol{a}=\boldsymbol{a}$

(ii)　$(-1)\boldsymbol{a}=-\boldsymbol{a}$, $\boldsymbol{a}+(-\boldsymbol{b})=\boldsymbol{a}-\boldsymbol{b}$

(iii)　$\boldsymbol{a}=\boldsymbol{b}+\boldsymbol{c}\Leftrightarrow\boldsymbol{a}-\boldsymbol{b}=\boldsymbol{c}$

(iv)　$k(\boldsymbol{a}+\boldsymbol{b})=k\boldsymbol{a}+k\boldsymbol{b}$

(v)　$(k+\ell)\boldsymbol{a}=k\boldsymbol{a}+\ell\boldsymbol{a}$

(vi)　$k(\ell\boldsymbol{a})=(k\ell)\boldsymbol{a}$

ここで，$\boldsymbol{a}$, $\boldsymbol{b}$, $\boldsymbol{c}$ は任意のベクトル，k, ℓ は任意のスカラーとする．

ベクトルの座標　空間内のベクトル $\overrightarrow{\mathrm{AB}}$ に対して，ベクトル $\overrightarrow{\mathrm{OP}}=\overrightarrow{\mathrm{AB}}$（O は空間座標の原点）となるベクトル $\overrightarrow{\mathrm{OP}}$ をとると，点 P はベクトル $\overrightarrow{\mathrm{AB}}$ に対してただ一つに定まる．逆に，空間の各点 P に対して，原点 O を始点とするベクトル $\boldsymbol{p}=\overrightarrow{\mathrm{OP}}$ がただ一つ定まり，それを点 P の**位置ベクトル**という．

このようにして，空間内のベクトルと点とが $1:1$ に対応し，終点 P の座標 (x,y,z) でベクトルを表すことができる．この (x,y,z) をベクトル $\overrightarrow{\mathrm{AB}}\ (=\overrightarrow{\mathrm{OP}})$ の**座標**あるいは**成分表示**という．本書では，点の座標と区別するために，ベクトルの座標は $\begin{pmatrix} x \\ y \\ z \end{pmatrix}$ と縦書きにする．分野によっては

$\boldsymbol{i} = \begin{pmatrix} 1 \\ 0 \\ 0 \end{pmatrix}, \boldsymbol{j} = \begin{pmatrix} 0 \\ 1 \\ 0 \end{pmatrix}, \boldsymbol{k} = \begin{pmatrix} 0 \\ 0 \\ 1 \end{pmatrix}$ として，ベクトル $\begin{pmatrix} x \\ y \\ z \end{pmatrix}$ を $x\boldsymbol{i} + y\boldsymbol{j} + z\boldsymbol{k}$

と表すこともある※8※9.

※8　$\boldsymbol{i}$, $\boldsymbol{j}$, $\boldsymbol{k}$ を**基本ベクトル**という.

※9　ここでは空間ベクトルを扱うが，平面ベクトルでも同様のことが成り立つ.（空間ベクトルの z 座標をすべて 0 とすれば，xy 平面上の平面ベクトルと見なせる.）

ベクトルの座標と演算

(i)　2 点 $\mathrm{A}(a_1, a_2, a_3)$, $\mathrm{B}(b_1, b_2, b_3)$ に対して，$\overrightarrow{\mathrm{AB}} = \begin{pmatrix} b_1 - a_1 \\ b_2 - a_2 \\ b_3 - a_3 \end{pmatrix}$

(ii)　$\begin{pmatrix} a_1 \\ a_2 \\ a_3 \end{pmatrix} \pm \begin{pmatrix} b_1 \\ b_2 \\ b_3 \end{pmatrix} = \begin{pmatrix} a_1 \pm b_1 \\ a_2 \pm b_2 \\ a_3 \pm b_3 \end{pmatrix}$　（複号同順）

(iii)　$k \begin{pmatrix} a_1 \\ a_2 \\ a_3 \end{pmatrix} = \begin{pmatrix} ka_1 \\ ka_2 \\ ka_3 \end{pmatrix}$　（k は任意のスカラー）

(iv)　$\left| \begin{pmatrix} a_1 \\ a_2 \\ a_3 \end{pmatrix} \right| = \sqrt{a_1^2 + a_2^2 + a_3^2}$

例 5.3　空間の 3 点 $\mathrm{A}(1, 2, 1)$, $\mathrm{B}(-3, 2, 4)$, $\mathrm{C}(4, 7, -1)$ に対して，$\overrightarrow{\mathrm{AB}} = \begin{pmatrix} -4 \\ 0 \\ 3 \end{pmatrix}$, $\overrightarrow{\mathrm{AC}} = \begin{pmatrix} 3 \\ 5 \\ -2 \end{pmatrix}$, $3\overrightarrow{\mathrm{AB}} - 2\overrightarrow{\mathrm{AC}} = \begin{pmatrix} -12 - 6 \\ 0 - 10 \\ 9 + 4 \end{pmatrix} = \begin{pmatrix} -18 \\ -10 \\ 13 \end{pmatrix}$ である.

問 5.3　空間の 4 点を $\mathrm{A}(2, 1, 1)$, $\mathrm{B}(-1, 3, 2)$, $\mathrm{C}(1, 4, -1)$, $\mathrm{D}(3, k, \ell)$ としたとき，直線 AB と直線 CD が平行であるような定数 k, ℓ の値を求めよ.

ベクトルの内積　2 つのベクトル $\overrightarrow{\mathrm{OA}}$, $\overrightarrow{\mathrm{OB}}$ において $\angle\mathrm{AOB}$ の大きさを θ $(0 \leqq \theta \leqq 180°)$ としたとき，$\overrightarrow{\mathrm{OA}} \cdot \overrightarrow{\mathrm{OB}} = |\overrightarrow{\mathrm{OA}}||\overrightarrow{\mathrm{OB}}| \cos\theta$ をベクトル $\overrightarrow{\mathrm{OA}}$ と $\overrightarrow{\mathrm{OB}}$ の**内積**という.

2 つの空間ベクトルを $\overrightarrow{\mathrm{OA}} = \begin{pmatrix} a_1 \\ a_2 \\ a_3 \end{pmatrix}$, $\overrightarrow{\mathrm{OB}} = \begin{pmatrix} b_1 \\ b_2 \\ b_3 \end{pmatrix}$ と座標で表すと，

内積は $\overrightarrow{\mathrm{OA}} \cdot \overrightarrow{\mathrm{OB}} = a_1b_1 + a_2b_2 + a_3b_3$ となる.

内 積 の 性 質

(i) $\boldsymbol{a} \perp \boldsymbol{b} \Leftrightarrow \boldsymbol{a} \cdot \boldsymbol{b} = 0$

(ii) $\boldsymbol{a} \cdot \boldsymbol{b} = \boldsymbol{b} \cdot \boldsymbol{a}$

(iii) $k(\boldsymbol{a} \cdot \boldsymbol{b}) = (k\boldsymbol{a}) \cdot \boldsymbol{b} = \boldsymbol{a} \cdot (k\boldsymbol{b})$ （k は任意のスカラー）

(iv) $\boldsymbol{a} \cdot \boldsymbol{a} = |\boldsymbol{a}|^2$

(v) $(\boldsymbol{a} + \boldsymbol{b}) \cdot \boldsymbol{c} = \boldsymbol{a} \cdot \boldsymbol{c} + \boldsymbol{b} \cdot \boldsymbol{c}$

問 5.4 空間の 3 点を $\mathrm{A}(2,1,1)$, $\mathrm{B}(1,3,2)$, $\mathrm{C}(1,k,-2)$ としたとき，直線 AB と直線 AC が互いに垂直であるような定数 k の値を求めよ.

数ベクトル ベクトルを座標で表したものは，例えば空間ベクトルの場合，数値を 3 個組にしたものと見なせる．これを一般化して，数値（データ）を n 個組にして並べたものをベクトルと見なして n 次元**数ベクトル**といい，横に並べたものを**行ベクトル**または**横ベクトル**，縦に並べたものを**列ベクトル**または**縦ベクトル**という．本書においては，数ベクトルは列ベクトルで表す.

n 次元数ベクトルにおいても，上記「ベクトルの演算の性質」がそのまま成り立つ．以下，数ベクトルのことも単に「ベクトル」と呼ぶ.

例 5.4 $\begin{pmatrix} 2 \\ -1 \end{pmatrix}$ は 2 次元ベクトル，$\begin{pmatrix} 1.2 \\ -5.37 \\ 0.35 \\ 4.3 \end{pmatrix}$ は 4 次元ベクトルである.

ある人の試験の点数が，国語 82 点，数学 65 点，英語 93 点であったとき，これらを並べて $\begin{pmatrix} 82 \\ 65 \\ 93 \end{pmatrix}$ と 3 次元ベクトルで表すと，ひとまとまりのデータとして扱うことが出来る.

n 次元ベクトル $\boldsymbol{a} = \begin{pmatrix} a_1 \\ a_2 \\ \vdots \\ a_n \end{pmatrix}$ において，a_1 を $\boldsymbol{a}$ の第 1 成分，a_2 を第 2 成分，…，a_n を第 n 成分という．この $\boldsymbol{a}$ の絶対値を $|\boldsymbol{a}| =$

$\sqrt{a_1^2 + a_2^2 + \cdots + a_n^2}$ と定める．さらに $\boldsymbol{b} = \begin{pmatrix} b_1 \\ b_2 \\ \vdots \\ b_n \end{pmatrix}$ であるとき，内積を

$\boldsymbol{a} \cdot \boldsymbol{b} = a_1 b_1 + a_2 b_2 + \cdots + a_n b_n$ と定めると，上記の「内積の性質」がそのまま成り立つ．

問 5.5　4 次元数ベクトル $\boldsymbol{a} = \begin{pmatrix} 2 \\ -1 \\ 3 \\ 1 \end{pmatrix}$, $\boldsymbol{b} = \begin{pmatrix} 4 \\ 2 \\ 1 \\ -2 \end{pmatrix}$ に対して，$3\boldsymbol{a} - 2\boldsymbol{b}$ と，内積 $\boldsymbol{a} \cdot \boldsymbol{b}$ を求めよ．

5.2　図形とベクトル

様々な図形をベクトルを使って表すと，図形の性質を計算によって導くことが出来る．

空間内の直線　点 $\mathrm{A}(a, b, c)$ を通り，ベクトル（**方向ベクトル**）$\boldsymbol{d} = \begin{pmatrix} p \\ q \\ r \end{pmatrix}$ に平行な直線 ℓ 上の動点を $\mathrm{P}(x, y, z)$ とすると※10，関係式

$$\begin{pmatrix} x \\ y \\ z \end{pmatrix} = \begin{pmatrix} a \\ b \\ c \end{pmatrix} + t \begin{pmatrix} p \\ q \\ r \end{pmatrix}$$

が成り立つ（ここで t は実数全体を動く**媒介変数**※11）．これを直線 ℓ の**ベクトル方程式**という．（媒介変数 t の変化に伴って，点 P が直線 ℓ 上を動く．）

特に $pqr \neq 0$ のときは，t を消去して

$$\frac{x-a}{p} = \frac{y-b}{q} = \frac{z-c}{r}$$

という関係式（**直線の方程式**）が得られる．

※10　方向ベクトル $\boldsymbol{d}$ はゼロベクトルではないとする．

※11　**パラメータ**ともいう．

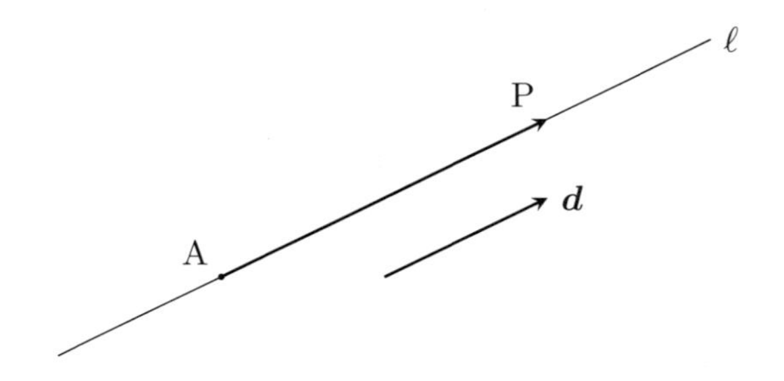

図 5.5 直線と方向ベクトル

例 5.5 空間内の 2 点 $\mathrm{A}(1,0,3)$, $\mathrm{B}(2,-1,1)$ を通る直線を ℓ とする．ℓ の（1 つの）方向ベクトルは $\overrightarrow{\mathrm{AB}} = \begin{pmatrix} 1 \\ -1 \\ -2 \end{pmatrix}$ である．従って，ℓ のベクトル方程式は

$$\begin{pmatrix} x \\ y \\ z \end{pmatrix} = \begin{pmatrix} 1 \\ 0 \\ 3 \end{pmatrix} + t \begin{pmatrix} 1 \\ -1 \\ -2 \end{pmatrix}$$

である（他の表し方もある）．これを使って直線 ℓ と xy 平面との交点を求めてみる．

$$x = 1 + t, \quad y = -t, \quad z = 3 - 2t$$

において $z = 0$ とおくと $t = \dfrac{3}{2}$ であって，$x = \dfrac{5}{2}$, $y = -\dfrac{3}{2}$ となる．従って，求める交点の座標は $\left(\dfrac{5}{2}, -\dfrac{3}{2}, 0\right)$ である．

空間内の相異なる 2 直線の位置関係は次の (i), (ii), (iii) のいずれかである．

(i) 互いに平行（方向ベクトルが平行）．

(ii) 1 点で交わる．

(iii) ねじれの位置（平行でなく交点もない）．

問 5.6 例 5.5 の直線 ℓ と，2 点 $(2,1,-1), (3,1,k)$ を通る直線 m が交わるように k の値を定めよ．

空間内の平面 点 $\mathrm{A}(a,b,c)$ を通り，ベクトル（**法線ベクトル**）$\boldsymbol{n} = \begin{pmatrix} p \\ q \\ r \end{pmatrix}$ に垂直な平面 α 上の動点を $\mathrm{P}(x,y,z)$ とすると※12，平面 α の方程式は

$$p(x-a) + q(y-b) + r(z-c) = 0$$

となる（**平面の方程式**）．

※12 法線ベクトル $\boldsymbol{n}$ はゼロベクトルではないとする．

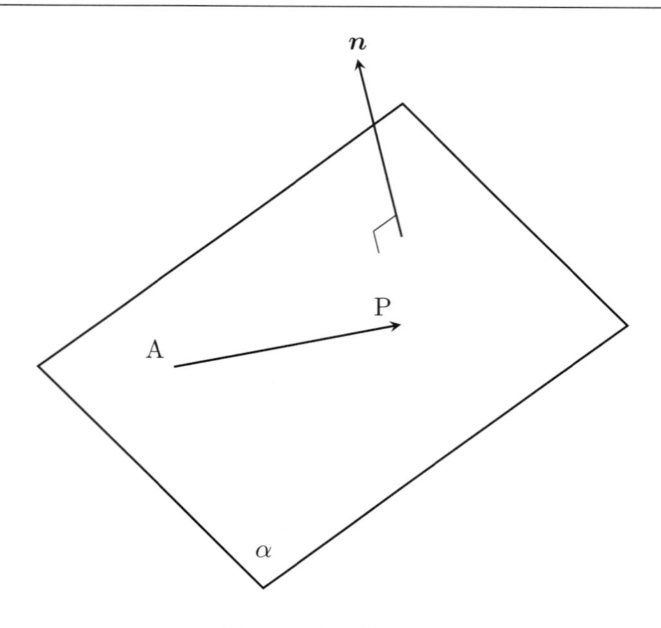

図 5.6　空間内の平面

問 5.7　空間の 3 点 $(1,1,1),(2,2,-1),(3,1,2)$ を含む平面 α の方程式を求めよ．また，例 5.5 の直線 ℓ と平面 α との交点を求めよ．さらに，点 $(3,1,1)$ から平面 α に下した垂線の足の座標を求めよ．

平面のベクトル方程式　点 (a_1,a_2,a_3) を通り，2 つのベクトル $\boldsymbol{p}=\begin{pmatrix}p_1\\p_2\\p_3\end{pmatrix}$，$\boldsymbol{q}=\begin{pmatrix}q_1\\q_2\\q_3\end{pmatrix}$ と平行な平面上の点 (x,y,z) は

$$\begin{pmatrix}x\\y\\z\end{pmatrix}=\begin{pmatrix}a_1\\a_2\\a_3\end{pmatrix}+s\begin{pmatrix}p_1\\p_2\\p_3\end{pmatrix}+t\begin{pmatrix}q_1\\q_2\\q_3\end{pmatrix}$$

と表せる（s,t は実数全体を動く媒介変数）．これを，**平面のベクトル方程式**という．

問 5.8　問 5.7 の平面 α のベクトル方程式を求めよ．また，α と x 軸との交点の座標を求めよ．

5.3 行列

行列の定義 数，文字，式などを長方形に並べたものを**行列**という．

例えば，試験の点数の表

	国語	数学	英語
A 君	80	78	56
B 君	95	62	83
C 君	64	98	100

の点数だけを取り出した $\begin{pmatrix} 80 & 78 & 56 \\ 95 & 62 & 83 \\ 64 & 98 & 100 \end{pmatrix}$ は一つの行列である※13．

※13 行列は全体を ( ) または [ ] で囲う．

行列の中の各数（文字，式）を**成分**といい，横に並んだ成分の組を**行**，縦に並んだ成分の組を**列**という※14．行列は A, B 等の大文字で表す．行列 A に m 個の行と n 個の列があるとき，この A の**サイズ**は $m \times n$ であるという※15．特に，$n \times n$ 行列を n 次**正方行列**という．すべての成分が 0 であるような行列を**零行列**といい $\boldsymbol{O}$ で表す※16．

※14 1つの行は横ベクトル，1つの列は縦ベクトルと見なせる．

※15 「m かける n」と読む（英語では "m by n"）．縦が m，横が n という意味である．A は (m, n) 型の行列であるともいう．

※16 様々なサイズの零行列がある．

$1 \times n$ 行列は n 次元行ベクトルと，$m \times 1$ 行列は m 次元列ベクトルと同じものである．また，1×1 行列 (a) はスカラー a と同じものと見なせる．

行列の第 i 行，第 j 列にある成分を $(i,\ j)$ 成分という．$m \times n$ 行列 A の (i, j) 成分が a_{ij} であるとき，

$$A = \begin{pmatrix} a_{11} & a_{12} & \cdots & a_{1n} \\ a_{21} & a_{22} & \cdots & a_{2n} \\ \vdots & & & \vdots \\ a_{m1} & \cdots & \cdots & a_{mn} \end{pmatrix}$$

となる※17．この A を簡単に $A = (a_{ij})$ と表すこともある．

※17 通常 a_{ij} の i と j の間にカンマは書かないが，$a_{12,3}$ などのときはカンマを入れたほうが良い．

行列 A の行と列を入れ替えた行列を A の**転置行列**といい ${}^tA$ または A^T で表す※18．$A = (a_{ij})$ が $m \times n$ 行列であるとき，${}^tA$ は $n \times m$ 行列で ${}^tA = (a_{ji})$ である．

※18 数学では ${}^tA$ を，数学以外の分野では A^T を使うことが多い．

例 5.6 $A = \begin{pmatrix} 2 & -3 & 5 \\ -4 & 3 & 9 \end{pmatrix}$ は 2×3 行列で，$(1, 1)$ 成分は 2，$(1, 2)$ 成分は -3，…，$(2, 3)$ 成分は 9 である．その第 1 行は $(2,\ -3,\ 5)$ という 3 次元の行ベクトル，第 2 列は $\begin{pmatrix} -3 \\ 3 \end{pmatrix}$ という 2 次元の列ベクトルである．また，転置行列は ${}^tA = \begin{pmatrix} 2 & -4 \\ -3 & 3 \\ 5 & 9 \end{pmatrix}$ となる．

問 5.9　$A = \begin{pmatrix} a & a^2 & a^3 & a^4 \\ b & b^2 & b^3 & b^4 \\ c & c^2 & c^3 & c^4 \end{pmatrix}$ とする.

(1) A のサイズは何か.

(2) A の $(1,2)$ 成分, $(2,3)$ 成分は何か. また, c^3 は何成分か.

(3) 転置行列 ${}^tA$ を求めよ.

行列の和, 差, スカラー倍

2 つの $m \times n$ 行列 $A = \begin{pmatrix} a_{11} & a_{12} & \cdots & a_{1n} \\ a_{21} & \cdots & \cdots & a_{2n} \\ \vdots & & & \vdots \\ a_{m1} & \cdots & \cdots & a_{mn} \end{pmatrix}$,

$B = \begin{pmatrix} b_{11} & b_{12} & \cdots & b_{1n} \\ b_{21} & \cdots & \cdots & b_{2n} \\ \vdots & & & \vdots \\ b_{m1} & \cdots & \cdots & b_{mn} \end{pmatrix}$ に対して, その和, 差を

$$A \pm B = \begin{pmatrix} a_{11} \pm b_{11} & a_{12} \pm b_{12} & \cdots & a_{1n} \pm b_{1n} \\ a_{21} \pm b_{21} & \cdots & \cdots & a_{2n} \pm b_{2n} \\ \vdots & & & \vdots \\ a_{m1} \pm b_{m1} & \cdots & \cdots & a_{mn} \pm b_{mn} \end{pmatrix} \quad \text{(複号同順)}$$

と定める※19. また, スカラー k に対して, A の k 倍を

$$kA = \begin{pmatrix} ka_{11} & ka_{12} & \cdots & ka_{1n} \\ ka_{21} & \cdots & \cdots & ka_{2n} \\ \vdots & & & \vdots \\ ka_{m1} & \cdots & \cdots & ka_{mn} \end{pmatrix}$$

とする※20. $(-1)A$ は単に $-A$ と表す.

※19　A と B が同じサイズでないと $A \pm B$ は定まらないことに注意.

※20　即ち, 和, 差もスカラー倍も「各成分ごと」である.

例 5.7　$A = \begin{pmatrix} 2 & 4 & -3 \\ 5 & -7 & 1 \end{pmatrix}$, $B = \begin{pmatrix} 3 & -1 & 4 \\ 2 & 5 & -2 \end{pmatrix}$ のとき,

$A + B = \begin{pmatrix} 5 & 3 & 1 \\ 7 & -2 & -1 \end{pmatrix}$, $A - B = \begin{pmatrix} -1 & 5 & -7 \\ 3 & -12 & 3 \end{pmatrix}$ であり,

$3A = \begin{pmatrix} 6 & 12 & -9 \\ 15 & -21 & 3 \end{pmatrix}$ である.

問 5.10　上の例の A, B に対して, $5A-2B$ および $\frac{1}{2}A+B$ を求めよ.

5.4 1次変換と行列の積

1次変換

n 次元ベクトル $\boldsymbol{x} = \begin{pmatrix} x_1 \\ x_2 \\ \vdots \\ x_n \end{pmatrix}$ と $\boldsymbol{x}' = \begin{pmatrix} x'_1 \\ x'_2 \\ \vdots \\ x'_n \end{pmatrix}$ の間に，n 次正方行列

$A = \begin{pmatrix} a_{11} & a_{12} & \cdots & a_{1n} \\ a_{21} & \cdots & \cdots & a_{2n} \\ \vdots & & & \vdots \\ a_{n1} & \cdots & \cdots & a_{nn} \end{pmatrix}$ を用いた

$$\begin{cases} x'_1 = a_{11}x_1 + a_{12}x_2 + \cdots + a_{1n}x_n \\ x'_2 = a_{21}x_1 + a_{22}x_2 + \cdots + a_{2n}x_n \\ \cdots \\ x'_n = a_{n1}x_1 + a_{n2}x_2 + \cdots + a_{nn}x_n \end{cases}$$

という関係があるとき，$\boldsymbol{x}' = A\boldsymbol{x}$ と表して，「ベクトル $\boldsymbol{x}'$ は行列 A とベクトル $\boldsymbol{x}$ の**積**である」あるいは「行列 A による**1次変換**で，ベクトル $\boldsymbol{x}$ が ベクトル $\boldsymbol{x}'$ に移る」という※21.

※21 「1次変換」は「**線形変換**」ともいう.

例 5.8 $\boldsymbol{x} = \begin{pmatrix} 2 \\ -3 \end{pmatrix}$，$A = \begin{pmatrix} 1 & 4 \\ -2 & 3 \end{pmatrix}$ のとき，

$$A\boldsymbol{x} = \begin{pmatrix} 1 & 4 \\ -2 & 3 \end{pmatrix}\begin{pmatrix} 2 \\ -3 \end{pmatrix} = \begin{pmatrix} -10 \\ -13 \end{pmatrix}.$$

問 5.11 $\boldsymbol{x} = \begin{pmatrix} -1 \\ 7 \end{pmatrix}$，$A = \begin{pmatrix} 3 & -3 \\ 1 & 5 \end{pmatrix}$ のとき $A\boldsymbol{x}$ を求めよ．

$\boldsymbol{x}$ が2次元または3次元ベクトルのとき，これらは平面または空間の幾何ベクトルの座標になっている．この場合，行列 A による1次変換は (ベクトルの座標に対応する) 平面や空間の点の移動とも見なせる．

例 5.9

(1) 行列 $A = \begin{pmatrix} 1 & 0 \\ 0 & -1 \end{pmatrix}$ による1次変換で，平面上の点は x 軸に関して対称な点に移る．

(2) 行列 $R(\theta) = \begin{pmatrix} \cos\theta & -\sin\theta \\ \sin\theta & \cos\theta \end{pmatrix}$ による1次変換で，平面上の点は原点を中心として角度 θ だけ回転した点に移る．▶サポート 5.1

問 5.12

(1) 平面上の点を直線 $y = x$ に関して対称な点に移す一次変換の行列を求めよ．

(2) 平面上の点 $(4, -3)$ を，原点を中心として 30° 回転した点の座標を求めよ．

行列の積　ここでは2次正方行列のみを扱う．

2つの2次正方行列を $A = \begin{pmatrix} a & b \\ c & d \end{pmatrix}$, $B = \begin{pmatrix} p & q \\ r & s \end{pmatrix}$ としたとき，B による1次変換で ベクトル $\boldsymbol{x} = \begin{pmatrix} x_1 \\ x_2 \end{pmatrix}$ がベクトル $\boldsymbol{x}' = \begin{pmatrix} x_1' \\ x_2' \end{pmatrix}$ に移り，さらに A による一次変換で $\boldsymbol{x}'' = \begin{pmatrix} x_1'' \\ x_2'' \end{pmatrix}$ に移るとする．このとき，

$$\begin{aligned}
\boldsymbol{x}'' &= A\boldsymbol{x}' = A(B\boldsymbol{x}) \\
&= \begin{pmatrix} a & b \\ c & d \end{pmatrix}\left(\begin{pmatrix} p & q \\ r & s \end{pmatrix}\begin{pmatrix} x_1 \\ x_2 \end{pmatrix}\right) = \begin{pmatrix} a & b \\ c & d \end{pmatrix}\begin{pmatrix} px_1 + qx_2 \\ rx_1 + sx_2 \end{pmatrix} \\
&= \begin{pmatrix} (ap+br)x_1 + (aq+bs)x_2 \\ (cp+dr)x_1 + (cq+ds)x_2 \end{pmatrix} = \begin{pmatrix} ap+br & aq+bs \\ cp+dr & cq+ds \end{pmatrix}\begin{pmatrix} x_1 \\ x_2 \end{pmatrix}
\end{aligned}$$

となる．すなわち，行列 $\begin{pmatrix} ap+br & aq+bs \\ cp+dr & cq+ds \end{pmatrix}$ による1次変換でベクトル $\boldsymbol{x}$ がベクトル $\boldsymbol{x}''$ に移ったことになる．そこで，行列 A と B の積を $AB = \begin{pmatrix} ap+br & aq+bs \\ cp+dr & cq+ds \end{pmatrix}$ と定めると，$\boldsymbol{x}'' = A(B\boldsymbol{x}) = (AB)\boldsymbol{x}$ と表せる[※22][※23]．

行列の積においては，$AB = BA$ が成り立つとは限らない（次の例参照）．

例 5.10　$A = \begin{pmatrix} 2 & 5 \\ -3 & 4 \end{pmatrix}$, $B = \begin{pmatrix} 6 & 1 \\ 2 & -1 \end{pmatrix}$ のとき, $AB = \begin{pmatrix} 22 & -3 \\ -10 & -7 \end{pmatrix}$, $BA = \begin{pmatrix} 9 & 34 \\ 7 & 6 \end{pmatrix}$．また，$A^2 (= AA) = \begin{pmatrix} -11 & 30 \\ -18 & 1 \end{pmatrix}$ である[※24]．

回転の行列 $R(\theta) = \begin{pmatrix} \cos\theta & -\sin\theta \\ \sin\theta & \cos\theta \end{pmatrix}$, $R(\phi) = \begin{pmatrix} \cos\phi & -\sin\phi \\ \sin\phi & \cos\phi \end{pmatrix}$ に対しては，三角関数の加法定理より $R(\theta)R(\phi) = R(\phi)R(\theta) = R(\theta + \phi)$ が成り立つ．

$E = \begin{pmatrix} 1 & 0 \\ 0 & 1 \end{pmatrix}$ を（2次の）**単位行列**といい，任意の A に対して $AE =$

※22　同様にして，一般の $m \times n$ 行列 A と $n \times \ell$ 行列 B に対しても A, B の積 AB（$m \times \ell$ 行列）を定めることが出来る（「線形代数」で学ぶ）．

※23　行列の積 AB を $A \times B$ とは決して書かない．

※24　A の n 個の積（n 乗）を A^n と表す．

$EA = A$ が成り立つ※25.

2 次正方行列 $A = \begin{pmatrix} a & b \\ c & d \end{pmatrix}$ に対して，$ad - bc \neq 0$ のとき，$A^{-1} = \dfrac{1}{ad-bc}\begin{pmatrix} d & -b \\ -c & a \end{pmatrix}$ を A の**逆行列**という※26．このとき $AA^{-1} = A^{-1}A = E$ が成り立つ※27.

※25　単位行列を I で表すこともある.

※26　$ad - bc = 0$ のとき，A の逆行列は存在しない.

※27　単位行列 E は数の「1」に，逆行列は数の「逆数」に相当する.

例 5.11　$A = \begin{pmatrix} 1 & 2 \\ 3 & 4 \end{pmatrix}$, $B = \begin{pmatrix} 2 & -3 \\ 1 & 8 \end{pmatrix}$ のとき $AX = B$ となる行列 X を求める．この両辺に A の逆行列 A^{-1} を「左から」掛けると，左辺 $= A^{-1}AX = EX = X$，右辺 $= A^{-1}B$ より

$X = -\dfrac{1}{2}\begin{pmatrix} 4 & -2 \\ -3 & 1 \end{pmatrix}\begin{pmatrix} 2 & -3 \\ 1 & 8 \end{pmatrix} = -\dfrac{1}{2}\begin{pmatrix} 6 & -28 \\ -5 & 17 \end{pmatrix}$※28.

※28　1 次方程式 $ax = b$ を解くのに，両辺に a^{-1} を掛けて $x = a^{-1}b$ とするのと同様である．ただし，行列の場合，左から掛けるのと右から掛けるのとで結果が異なることがあるので注意が必要.

問 5.13　$X\begin{pmatrix} 1 & 3 \\ -2 & 1 \end{pmatrix} = \begin{pmatrix} 2 & -1 \\ 3 & 4 \end{pmatrix}$，$\begin{pmatrix} 1 & 3 \\ -2 & 1 \end{pmatrix}Y = \begin{pmatrix} 2 & -1 \\ 3 & 4 \end{pmatrix}$ となる行列 X, Y を求めよ.

行列の積の性質

(i)　$OA = AO = O$, $EA = AE = A$

（O は零行列，E は単位行列）

(ii)　$A(B+C) = AB + AC$, $(A+B)C = AC + BC$

（分配法則）

(iii)　$(AB)C = A(BC)$　（積の結合法則）

(iv)　$k(AB) = (kA)B = A(kB)$

(v)　A, B に逆行列があるとき $(AB)^{-1} = B^{-1}A^{-1}$

(vi)　${}^t(AB) = {}^tB\,{}^tA$

（A, B, C は任意の 2 次正方行列，k は任意のスカラーとする．）

問 5.14　$A = \begin{pmatrix} -2 & 3 \\ 1 & 2 \end{pmatrix}$, $B = \begin{pmatrix} 1 & 2 \\ 3 & -1 \end{pmatrix}$, $C = \begin{pmatrix} 3 & 1 \\ -2 & 4 \end{pmatrix}$ のとき，上の「行列の積の性質」を確かめよ.

章末問題

5.1　1 辺の長さが 1 の正方形を 3 つ並べた下の図について，次の問に答えよ．ただし，ベクトルはすべて，名前の付いた 8 個の点のいずれかを始点または終点とするものに限る．

(1) $\overrightarrow{\mathrm{AH}}+\overrightarrow{\mathrm{GC}}$ と等しいベクトルをすべて挙げよ．

(2) $\overrightarrow{\mathrm{AH}}-\overrightarrow{\mathrm{GC}}$ と等しいベクトルをすべて挙げよ．

(3) 内積 $\overrightarrow{\mathrm{AC}}\cdot\overrightarrow{\mathrm{FG}}$ の値を求めよ．

(4) 内積 $\overrightarrow{\mathrm{AD}}\cdot\overrightarrow{\mathrm{GC}}$ の値を求めよ．

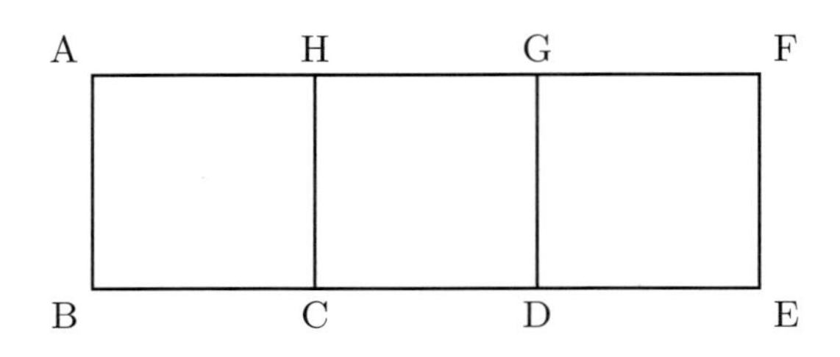

図 5.7

5.2　(1) 空間内の 2 直線 ℓ： $x+1=\dfrac{y-2}{2}=\dfrac{z}{-4}$ および m： $\dfrac{x-1}{-2}=\dfrac{y}{3}=z+k$ が交わるとする．このとき，定数 k の値と交点の座標を求めよ．

(2) (1) の 2 直線 ℓ, m を含む平面の方程式を求めよ．

5.3　行列 $A=\begin{pmatrix}1 & 2\\ 3 & 4\end{pmatrix}$ による 1 次変換で，4 点 (0, 0), (1, 0), (1, 1), (0, 1) を頂点とする正方形は，どのような図形に移るか．

5.4　$A=\begin{pmatrix}3 & 1\\ -2 & 2\end{pmatrix}$ のとき，積 ${}^tAA$, $A{}^tA$, A^2 および逆行列 A^{-1} を求めよ．

5.5▦　平面上の点 $(3, -1)$ を，原点を中心として 72° 回転した点の座標を求めよ．

5.6　平面において，直線 $y=2x$ に関する対称移動の 1 次変換を表す行列を求めよ．

5.7　行列 A による 1 次変換で，点 $(3, -2)$ が点 $(1, 4)$ に，点 $(2, -1)$ が点 $(3, 1)$ に移るとき，行列 A を求めよ．

6 個数の処理

6.1 集合と写像

ものの集まりを**集合**という．集合をなす個々のものを**要素**または**元**という．要素 a が集合 A に属すとき $a \in A$，属さないとき $a \notin A$ と表す．

2つの集合 A, B のいずれにも属す要素の集まり，即ち A と B との**共通部分**を $A \cap B$ で表す．また，A, B のすべての要素を合わせた**合併集合**を $A \cup B$ で表す．

A に属する要素がすべて B に属するとき，A は B の**部分集合**であるといい $A \subset B$ と表す（このとき $A = B$ もあり得る※1）．

※1　この事をはっきりさせるため，$A \subseteq B$ と書くこともある．

A の要素が有限個のとき A は**有限集合**であるといい，要素が無限個のとき**無限集合**であるという．例えば，100 以下の自然数の集合は有限集合であり，100 以下の整数の集合は無限集合である．

A が有限集合のとき，$|A|$（または $n(A)$ または $\#A$ ）で A の要素の個数を表す．特に，$A \subset B$ のときは $|A| \leqq |B|$ である．要素が一つもない集合を**空集合**といい $\emptyset$ で表す※2．

※2　ギリシャ文字の ϕ（ファイ）ではない．

以下，本節では有限集合のみを扱う．

例 6.1　要素 $1, 2, 3, 4, 5$ からなる集合 A を $A = \{1, 2, 3, 4, 5\}$ と表す※3．同様に $B = \{2, 4, 6, 8\}$ とすると，$3 \in A$，$3 \notin B, A \cap B = \{2, 4\}$，$A \cup B = \{1, 2, 3, 4, 5, 6, 8\}, |A| = 5$，$|B| = 4$ である．

※3　この A は $A = \{n \mid n$ は自然数で $1 \leqq n \leqq 5\}$ とも表せる．

集合を考えている範囲が決まっている時，その範囲の要素すべての集合を**全体集合**といい U で表す．U の部分集合 A に対して，U の要素で A に属さないもの全体の集合を A の**補集合**といい，$\overline{A}$ または A^c で表す．このとき

$$\overline{A \cup B} = \overline{A} \cap \overline{B}, \quad \overline{A \cap B} = \overline{A} \cup \overline{B}$$

が成り立つ（**ド・モルガンの法則**）．

A, B が有限集合であるとき

$$|A \cup B| = |A| + |B| - |A \cap B|$$

が成り立つ．これを集合の**包除原理**という※4．

※4　**ふるい分け公式**ともいう．

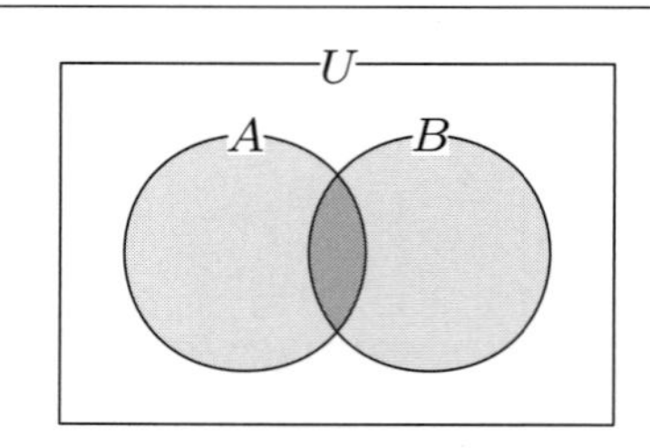

図 6.1　集合の包除原理：網掛けの部分が $A \cup B$，濃い網掛けの部分が $A \cap B$.

例 6.2　100 以下の自然数のうち，2 または 3 の倍数の個数を求めてみる．2 の倍数の集合を A，3 の倍数の集合を B をとすると，2 または 3 の倍数の集合は $A \cup B$ となる．$A \cap B$ は 6 の倍数の集合であるから，求める個数は $|A \cup B| = |A| + |B| - |A \cap B| = 50 + 33 - 16 = 67$ 個となる.

問 6.1　学生 100 人のうち，ラーメンが好きな人が 73 人，カレーが好きな人が 68 人，ラーメンもカレーも好きでない人が 2 人いるとする．ラーメンとカレーの両方好きな人は何人いるか.

包除原理は 3 個以上の集合でも成り立つ．例えば 3 個の有限集合 A, B, C に対しては次のようになる.

$$|A \cup B \cup C| = |A| + |B| + |C| - |A \cap B| - |B \cap C| - |C \cap A| + |A \cap B \cap C|$$

2 つの集合 A，B において，A の各要素 x ごとに B のただ一つの要素 $f(x)$ が決まっているとき，この対応 f を A から B への**写像**といい $f : A \to B$ と表す．$f(x)$ を x の**像**という.

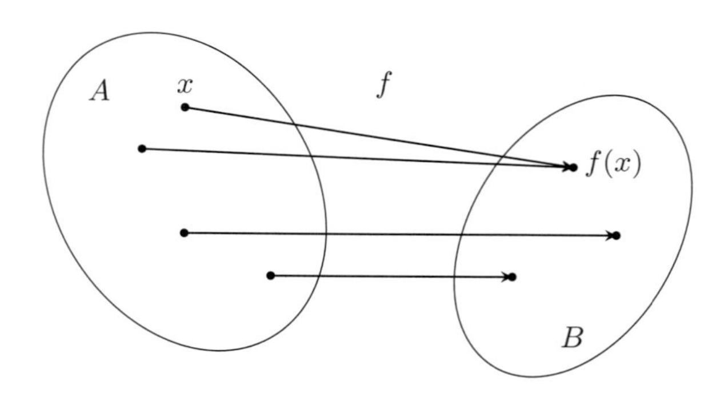

図 6.2　写像

写像 $f : A \to B$ が「$x \neq y \Rightarrow f(x) \neq f(y)$」をみたすとき，**単射**あるいは**1 対 1** であるという[※5]．また，任意の $y \in B$ に対して $f(x) = y$ となる $x \in A$ が存在するとき，**全射**あるいは**上への写像**であるという[※6].

※5　即ち，異なる要素の像は一致しないということ.

※6　即ち，A の要素たちの像全体がちょうど B になるということ.

A から B への単射があれば $|A| \leqq |B|$ であり，A から B への全射があれば $|A| \geqq |B|$ である．従って，A から B への全射かつ単射（これを**全単**

射という）があれば $|A| = |B|$ である．

集合 A の個数を数えるのが困難であるとき，A からの全単射があるような別の（簡単な）集合 B を見つけて，代わりにその B の個数を数えるとよい．

例 6.3 若き日の豊臣秀吉（木下藤吉郎）は，ある山に生えているすべての木の数を数えるよう命令されて，数を数えておいた多数の紐（ひも）を用意し，各木に一本ずつの紐をくくりつけた後の残りの紐の数を数えることにより木の数を数えたといわれている．これは，木の集合と紐の集合の間の全単射を作ったことになる．

例 6.4 30 人でテニスのシングルスのトーナメントを行ったときの，試合数はいくつになるだろうか．この試合数はトーナメントの組み合わせ方によって変わりそうだが，各試合で必ず 1 人の敗者が出ることより，試合の集合と敗者の集合の間には全単射が存在する．優勝者以外の人は全員敗者となるから，試合数 = 敗者の数 = $30 - 1 = 29$ 試合となる．

問 6.2 1000 以下の自然数 n で，$n \equiv 1 \pmod 3$ であるものは何個あるか．（ヒント：$n = 3k + 1$ と置けば，n の集合と k の集合の間に全単射が存在する．）

6.2 順列

いくつかのものを 1 列に並べる並べ方を**順列**という．

順列 互いに区別できる※7 n 個のものから r 個（$r \leqq n$）を取って並べる順列の数を ${}_n\mathrm{P}_r$ で表す※8．r 個の場所に n 個の物から 1 つずつ選んで置いていくとすると，最初の場所に置く置き方が n 通り，2 番めの場所に置く置き方が $n - 1$ 通り ... であるから，

$$
{}_n\mathrm{P}_r = n(n-1)\cdots(n-r+1) = \frac{n!}{(n-r)!}
$$

となる※9．

※7 例えば，ひとつひとつに番号や名前が付いているということ．

※8 P は permutation の頭文字．

※9 $n! = n \times (n-1) \times 2 \times \cdots \times 1$ を n の**階乗**という．0 の階乗は，便宜上 $0! = 1$ としておく．

例 6.5 テニス部の 20 人の部員の中から，主将，副主将，会計の 3 人を選ぶ選び方は，${}_{20}\mathrm{P}_3 = 20 \cdot 19 \cdot 18 = 3240$ 通り．

問 6.3 1 から 9 までの番号が書かれた 9 枚のカードから，3 枚を選んで並べる並べ方の数を求めよ．

重複順列 n 種類のもの※10 を r 個並べる並べ方は，r 個の各場所に置くものの種類が n 通りずつだから，全部で n^r 通りである．これを**重複順列**という．

※10 「種類」といったときには，同じ種類のものから何個でも取ることができて，そのひとつひとつは区別しないものとする．

例 6.6　1 列に並んだ 5 個の丸を，赤または青または黄のいずれかの色で塗る塗り方の数は $3^5 = 243$ 通り．

同じものがあるときの順列　種類 ① のものが i_1 個，種類 ② のものが i_2 個，$\cdots$，種類 ⓡ のものが i_r 個あって，全部の個数が $n = i_1 + i_2 + \cdots + i_r$ であるとすると，これら n 個のものを並べる並べ方は

$$\frac{n!}{i_1! \cdot i_2! \cdots i_r!}$$

通りである．これを**同じものがあるときの順列**という．

例 6.7　赤玉 3 個，青玉 2 個，黄玉 1 個の計 6 個を 1 列に並べる並べ方の数は　$\dfrac{6!}{3! \cdot 2! \cdot 1!} = 60$　通り．

問 6.4

(1) 2 個の赤球，3 個の青球，4 個の黄玉を 1 列に並べる並べ方は何通りあるか．

(2) (1) の並べ方のうち，2 個の赤玉が隣り合っているものは何通りあるか．

6.3　組合せ

今度は，取り出すだけで並べない場合を考える．

組合せ　n 個のものから r 個を取り出す取り出し方（**組合せ**）の数を ${}_n\mathrm{C}_r$ で表す※11.

※11　C は combination の頭文字．

まず r 個のものを取り出して並べる並べ方が ${}_n\mathrm{P}_r$ 通りあり，その中で同じ r 個を取り出した時の並べ換えを区別しないから，

$${}_n\mathrm{C}_r = \frac{{}_n\mathrm{P}_r}{r!} = \frac{n!}{(n-r)! \cdot r!}$$

となる．これは，n 個の要素からなる集合の，r 個の要素からなる部分集合の個数に等しい．（$r = 0$ のときは，${}_n\mathrm{C}_0 = 1$ と決めておく．）

組合せの数 ${}_n\mathrm{C}_r$ は 2 **項係数**※12 とも呼ばれ，$\dbinom{n}{r}$ という記号も用いられる．

※12　「2 項展開」の項参照．

例 6.8　40 人のクラスから 4 人の委員を選ぶ選び方は，${}_{40}\mathrm{C}_4 = \dfrac{40!}{(40-4)! \cdot 4!}$ $= 91390$ 通りである．ちなみに，この 4 人に例えば「委員長」，「副委員長」，「図書委員」，「清掃委員」と役を割り振って区別すると，その選び方は ${}_{40}\mathrm{P}_4 = \dfrac{40!}{(40-4)!} = 2193360$ 通りとなる．

問 6.5 40 人のクラスから，サッカーの選手 11 人（サッカーが下手でもよい）を選ぶ選び方は何通りあるか．

> **${}_n\mathrm{C}_r$ の性質**
>
> (i)　${}_n\mathrm{C}_r = {}_n\mathrm{C}_{n-r}$
>
> (ii)　${}_{n+1}\mathrm{C}_r = {}_n\mathrm{C}_r + {}_n\mathrm{C}_{r-1}$

${}_n\mathrm{C}_0 = {}_n\mathrm{C}_n = 1$ と上の (ii) の等式から，${}_n\mathrm{C}_r$ の値を順番に三角形状に計算した図を**パスカルの三角形**という．これを使うと ${}_n\mathrm{C}_r$ の値を簡便に求めることができる※13．

※13　上から n 行目，左から r 番目の数が ${}_n\mathrm{C}_{r-1}$ である．

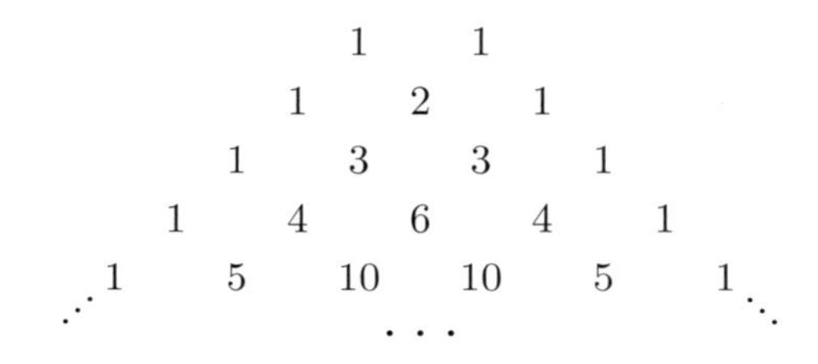

図 6.3　パスカルの三角形

問 6.6　パスカルの三角形の 6 行目と 7 行目を書け．

重複組合せ　①, ②, ⋯, ⓝ の n 種類のものから重複を許して r 個を取り出す取り出し方の数（**重複組合せ**）を ${}_n\mathrm{H}_r$ で表す※14．

※14　H は homogeneous polynomial（斉次多項式）の頭文字．▶サポート 6.1

今，1 列に並んだ $n+r-1$ 個の文字 a を考え，その中から $n-1$ 個の「仕切り」を選んでその場所の a を x に変える．この選び方は ${}_{n+r-1}\mathrm{C}_{n-1}$ 通りある．

この結果，$n-1$ 個の x で仕切られた a の塊が n 個できる（2 個の x が隣り合っているとき，その間の a は 0 個である．また，x が端にあるときも，その外側の a は 0 個であるが，これらも「塊」と見なす）．

この各塊の中の a の個数を左から $i_1, i_2, \ldots, i_n$ として，これらをそれぞれ ①，②，⋯，ⓝ を取り出す個数と見なす．例えば，$n=4$, $r=5$ のとき「$aaxaaxxa$」という x の選び方は，① が 2 個，② が 2 個，③ が 0 個，④ が 1 個という取り方と対応している．

従って，n 種類のものから重複を許して r 個取り出す重複組合せの数は，$n+r-1$ 個のものから $n-1$ 個のものを選ぶ組合せの数に等しい．

重複組合せの公式

$${}_n\mathrm{H}_r = {}_{n+r-1}\mathrm{C}_{n-1} = {}_{n+r-1}\mathrm{C}_r$$

例 6.9　赤，青，黄の 3 種類の玉を，合わせて 10 個選ぶ選び方は ${}_3\mathrm{H}_{10} = {}_{12}\mathrm{C}_{10} = {}_{12}\mathrm{C}_2 = 66$ 通り.

問 6.7

(1) $x_1 + x_2 + x_3 + x_4 + x_5 = 8$ をみたす非負整数（正または 0 の整数）の組 $(x_1, x_2, x_3, x_4, x_5)$ の個数を求めよ.

(2) (1) の「非負整数の組」のところを「自然数の組」としたときの組 $(x_1, x_2, x_3, x_4, x_5)$ の個数を求めよ.

2 項展開　n を自然数とする．式 $(a+b)^n = (a+b)(a+b)\cdots(a+b)$ の展開において，$a^r b^{n-r}$ という項は，r 個の括弧の中から a を選び，残り $n-r$ 個の括弧から b を選んで掛けることによって生じる．このような選び方の数は ${}_n\mathrm{C}_r$ であるから，この展開式を整理すると

$$\begin{aligned}(a+b)^n &= a^n + {}_n\mathrm{C}_1 a^{n-1}b + {}_n\mathrm{C}_2 a^{n-2}b^2 + \cdots + {}_n\mathrm{C}_{n-1}ab^{n-1} + b^n \\ &= a^n + {}_n\mathrm{C}_{n-1} a^{n-1}b + {}_n\mathrm{C}_{n-2} a^{n-2}b^2 + \cdots + {}_n\mathrm{C}_1 ab^{n-1} + b^n\end{aligned}$$

となる．これを **2 項展開**という.

例 6.10　$(a+b)^5 = a^5 + {}_5\mathrm{C}_1 a^4 b + {}_5\mathrm{C}_2 a^3 b^2 + {}_5\mathrm{C}_3 a^2 b^3 + {}_5\mathrm{C}_4 ab^4 + b^5$
$= a^5 + 5a^4b + 10a^3b^2 + 10a^2b^3 + 5ab^4 + b^5$

問 6.8　$(x+2)^6$ を展開せよ.

同様にして，「同じものがあるときの順列」の公式を使うと，$(a_1 + a_2 + \cdots + a_r)^n$ を展開したときの $a_1^{i_1} a_2^{i_2} \cdots a_r^{i_r}$ $(i_1 + i_2 + \cdots + i_r = n)$ の係数は

$$\frac{n!}{i_1! \cdot i_2! \cdots i_r!}$$

であることが分かる（**多項展開**の公式）.

例 6.11　$(a+b+c)^6$ の展開式における a^3b^2c の係数は $\dfrac{6!}{3! \cdot 2! \cdot 1!} = 60$.

問 6.9　$(x+2y-z)^5$ の展開式における x^2yz^2 の係数を求めよ.

章末問題

6.1 500 以下の自然数 n で，$n \equiv 1 \pmod 3$ または $n \equiv 2 \pmod 4$ をみたすものの個数を求めよ．

6.2 赤玉 3 個，青玉 2 個，黄玉 1 個の計 6 個を 1 列に並べる並べ方のうち，黄玉の隣に赤玉が少なくとも 1 個はあるような並べ方は何通りあるか．（ヒント：黄玉の隣に赤玉が一つもないような並べ方の数を考える．）

6.3 3 つの壺に 5 個の玉を入れるとする．次のそれぞれの場合に，入れ方の数を求めよ．ただし，どの壺にも少なくともひとつの玉を入れることにする．

(1) 壺も玉もそれぞれ区別しない場合．

(2) 壺には A, B, C，玉には 1 番，2 番，...，5 番と名前をつけて区別する場合．

(3) 壺は区別するが，玉は区別しない場合．

(4) 壺は区別しないが，玉は区別する場合．

6.4 キャンディ，キャラメル，ガムの 3 種類のお菓子をいくつかずつ，計 10 個入りの袋を作るとする．次の各々の場合に，その入れ方の数を求めよ．

(1) キャンディ，キャラメル，ガムのうち，1 種類あるいは 2 種類がなくても良い場合．

(2) キャンディ，キャラメル，ガムのいずれもが，少なくとも 1 個は入っている場合．

6.5 (1) $\left(x^2 + \dfrac{2}{x}\right)^7$ の展開式における x^5 の係数を求めよ．

(2) $\left(x + \dfrac{1}{x} + y\right)^5$ の展開式における x^2y の係数を求めよ．

7 確率

7.1 事象と確率

事象 あること（**事象**※1 という）が起こりうる割合を**確率**といい，事象 A が起こる確率を $\mathrm{P}(A)$ で表す．一般に $0 \leqq \mathrm{P}(A) \leqq 1$ であって，A が必ず起こるとき $\mathrm{P}(A) = 1$，絶対に起こらないとき $\mathrm{P}(A) = 0$ である※2．

$A \cup B$ は A または B のいずれかが起こる事象を，$A \cap B$ は A と B が一緒に起こる事象を表す．また，空集合 $\emptyset$ も一つの事象と考え，$\mathrm{P}(\emptyset) = 0$ と定める．

どの事象が起こるかを試すこと，あるいは起こった事象を観測することを**試行**という．ある試行において起こりうるすべての事象を合わせた事象（全体集合）を，この試行における**全事象**といい U で表す．従って $\mathrm{P}(U) = 1$ である．

事象 A に対して，A が起こらないという事象を A の**余事象**といい $\overline{A}$ で表す．これは，集合としては U を全体集合としたときの A の補集合であって，$\mathrm{P}(\overline{A}) = 1 - \mathrm{P}(A)$ となる．

※1 各事象は，いくつかの基本的な事象（根元事象）が集まった集合と考える．

※2 以下では確率の値を主に分数で表しているが，実際は，大小の比較が容易な百分率（または小数）で表すことが多い．

例 7.1 サイコロを 1 回振るという試行において，$A_i\,(i = 1, 2, \ldots, 6)$ で i という目が出る事象を表す．このとき $U = A_1 \cup A_2 \cup \cdots \cup A_6$ である．イカサマ※3 のサイコロでなければ，各 i に対し $\mathrm{P}(A_i) = \dfrac{1}{6}$ である．

$A_1 \cup A_2$ は 1 または 2 の目が出る事象を表すので，$\mathrm{P}(A_1 \cup A_2) = \dfrac{1}{3}$ である．また，$A_1 \cap A_2$ は 1 の目と 2 の目が同時に出るというあり得ない事象を表すので，$A_1 \cap A_2 = \emptyset$, $\mathrm{P}(A_1 \cap A_2) = 0$ である．

$\overline{A_1}$ は $2, 3, 4, 5, 6$ のいずれかの目が出る事象を表し，$\mathrm{P}(\overline{A_1}) = 1 - \dfrac{1}{6} = \dfrac{5}{6}$ である．

※3 如何様

問 7.1 サイコロを 2 回振る試行において，次の確率を求めよ．

(1) 1 の目も 2 の目も出ない確率．

(2) 1 か 2 の目のいずれかが，少なくとも 1 回は出る確率．

確率の加法定理 集合の包除原理から

$$\mathrm{P}(A \cup B) = \mathrm{P}(A) + \mathrm{P}(B) - \mathrm{P}(A \cap B)$$

が成り立つことがわかる．特に，事象 A と B が同時に起こり得ない（即ち $\mathrm{P}(A \cap B) = 0$）のとき A と B は**排反**であるといい，

$$\mathrm{P}(A \cup B) = \mathrm{P}(A) + \mathrm{P}(B)$$

が成り立つ．これを**確率の加法定理**という．

例 7.2 1 組のトランプ（52 枚）から 1 枚のカードを無作為に取り出すとき，そのカードが A（エース）であるかまたはスペードである確率を求める．取り出したカードが A である事象を A，スペードである事象を S とすると，求める確率は $\mathrm{P}(A \cup S)$ である．A が出る確率は $\mathrm{P}(A) = \frac{4}{52} = \frac{1}{13}$，スペードが出る確率は $\mathrm{P}(S) = \frac{13}{52} = \frac{1}{4}$ であり，スペードの A が出る確率は $\mathrm{P}(A \cap S) = \frac{1}{52}$ であるので，求める確率は

$$\mathrm{P}(A \cup S) = \mathrm{P}(A) + \mathrm{P}(S) - \mathrm{P}(A \cap S) = \frac{1}{13} + \frac{1}{4} - \frac{1}{52} = \frac{4}{13}$$

である．

また，取り出したカードがスペードの A であるかまたは赤のスーツ[※4]である確率は，この 2 つの事象が排反であるので，$\frac{1}{52} + \frac{1}{2} = \frac{27}{52}$ である．

※4 トランプのカードの 4 つの種類（スペード（黒），ハート（赤），ダイヤ（赤），クラブ（黒））のこと．

問 7.2 サイコロを 1 回振る試行において，出た目が偶数であるかまたは 3 以下である確率を求めよ．

ある試行において，起こりうる事象が n 個あってそれらの起こる確率がすべて等しいとき，各事象の起こる確率は $\frac{1}{n}$ である．

例 7.3 0 から 9 の番号が書かれた 10 枚のカードから，無作為に 2 枚のカードを引いてその番号が 0 と 1 である確率は $\frac{1}{{}_{10}\mathrm{C}_2} = \frac{1}{45}$ である[※5]．また，この 2 枚の番号の和が 5 となるのは，その 2 枚が $\{0,5\},\{1,4\},\{2,3\}$ の 3 通りであるから，その確率は $\frac{3}{45} = \frac{1}{15}$ である．

※5 **無作為**（ランダム）に 2 枚引くというのは，どの 2 枚を引く確率も等しいということを意味する．

問 7.3 「赤 2 枚と黒 2 枚，計 4 枚のトランプが伏せて置いてあって，この中から無作為に 2 枚を選んだとき，それらが同色のカードである確率を求めよ」という問題の答として，次の (i) あるいは (ii) は正しいか？

(i) その 2 枚は「どちらも黒」，「黒と赤が 1 枚ずつ」，「どちらも赤」のいずれかであるから，同色である確率は $\frac{2}{3}$．

(ii) その 2 枚は「黒黒」，「黒赤」，「赤黒」，「赤赤」のいずれかであるから，同色である確率は $\frac{1}{2}$．

7.2　条件付き確率

確率の乗法定理　事象 A が起こる（あるいは「起こった」）という条件のもとで事象 B が起こる確率（**条件付き確率**）を $\mathrm{P}_A(B)$ と表す[※6]. A が起こるという条件下では A が全事象となり，その A の中での B が起こる割合だから，

$$\mathrm{P}_A(B) = \frac{\mathrm{P}(A \cap B)}{\mathrm{P}(A)} \quad \text{あるいは} \quad \mathrm{P}(A \cap B) = \mathrm{P}(A) \cdot \mathrm{P}_A(B)$$

となる．これを**確率の乗法定理**という．また，この式とこの式の A と B を入れ替えた式から得られる次の式を**ベイズの定理**という．

$$\mathrm{P}(A) \cdot \mathrm{P}_A(B) = \mathrm{P}(B) \cdot \mathrm{P}_B(A)$$

※6　$\mathrm{P}(B|A)$ と表すこともある．

例 7.4　壺の中に赤玉 2 個と白玉 3 個が入っている．ここから 2 個の玉を順次取り出すとき，1 個目が赤玉である事象を A，2 個目が赤玉である事象を B とする．取り出した玉に関する情報が何もないときは，$\mathrm{P}(A) = \frac{2}{5}$, $\mathrm{P}(B) = \mathrm{P}(A \cap B) + \mathrm{P}(\overline{A} \cap B) = \frac{2}{5} \cdot \frac{1}{4} + \frac{3}{5} \cdot \frac{2}{4} = \frac{2}{5}$ となって，1 個目が赤玉である確率も，2 個目が赤玉である確率も等しくなる．

他方，1 個目に関する情報はなく，2 個目に赤玉が出たという情報があるとき，1 個目に赤玉が出ていた条件付き確率は $\mathrm{P}_B(A) = \frac{\mathrm{P}(A \cap B)}{\mathrm{P}(B)} = \frac{\frac{2}{20}}{\frac{2}{5}} = \frac{1}{4}$ となる．

例 7.5　1 万人に 1 人が感染する感染症があって，その感染の有無を調べる検査を 1 人に行うと，感染した人に対して陽性が出る確率（「感度」という）が 80 %であり，感染してない人に対して陽性が出る（「偽陽性」という）確率が 10 %であるとする[※7].

無作為に選んだある人にこの検査を行って陽性の判定が出たとき，この人が実際に感染している確率を考える．これは，陽性が出たという条件のもとでの，実際に感染している確率を求める条件付き確率の問題である．

無作為に選んだ1 人の人が，感染しているという事象を A，検査の結果陽性となる事象を B とすると，$\mathrm{P}(A) = \frac{1}{10000} = 0.0001$, $\mathrm{P}_A(B) = 0.8$ であるから，$\mathrm{P}(A \cap B) = \mathrm{P}(A) \cdot \mathrm{P}_A(B) = 0.0001 \times 0.8 = 0.00008$, $\mathrm{P}(\overline{A} \cap B) = \mathrm{P}(\overline{A}) \cdot \mathrm{P}_{\overline{A}}(B) = (1 - 0.0001) \times 0.1 = 0.09999$ である．また，$\mathrm{P}(B) = \mathrm{P}(A \cap B) + \mathrm{P}(\overline{A} \cap B) = 0.00008 + 0.09999 = 0.10007$ であるから，求める確率は $\mathrm{P}_B(A) = \frac{\mathrm{P}(A \cap B)}{\mathrm{P}(B)} = \frac{0.00008}{0.10007} \fallingdotseq 0.0007994$ で，約 0.08 %となる[※8].

※7　感染してない人に対して陰性が出る確率は「特異度」という．

※8　この確率が思いの外小さくなるのは，無作為に選んだ人の感染率が非常に小さいからである．実際には何らかの症状がある人が検査を受けるので，正しく陽性が出る確率はずっと高くなる．

問 7.4 20 本の中に丁度 5 本の当たりがあるくじがある．このくじを，ひとりの人が引いて立ち去った後に引いたところ外れであった．このとき，1 人目の人が当たりであった確率を求めよ．ただし，一度引いたくじは元に戻さないものとする．

独立事象 事象 A, B に対して，$\mathrm{P}_A(B) = \mathrm{P}(B)$（即ち A が起こるという条件があってもなくても B が起こる確率が同じ）であるとき，A と B とは**独立**であるという[※9]．このとき

$$\mathrm{P}(A \cap B) = \mathrm{P}(A) \cdot \mathrm{P}(B)$$

が成り立つ[※10]．

※9 「$\mathrm{P}_A(B) = \mathrm{P}(B) \Leftrightarrow \mathrm{P}_B(A) = \mathrm{P}(A)$」である．

※10 これを「確率の乗法定理」ということもある．

例 7.6 サイコロを 2 回振る試行において，1 回目に $i\,(1 \leqq i \leqq 6)$ の目が出る事象を A_i，2 回目に j の目が出る事象を B_j とすると，各 i, j に対して $\mathrm{P}_{A_i}(B_j) = \mathrm{P}(B_j) = \dfrac{1}{6}$ であるから A_i と B_j は独立である．従って，例えば 1 回目に 1 の目が出て 2 回目に 2 の目が出る確率は $\dfrac{1}{6} \cdot \dfrac{1}{6} = \dfrac{1}{36}$ となる．

また，$i \neq j$ のとき，$\mathrm{P}(A_i) = \dfrac{1}{6}$, $\mathrm{P}_{A_j}(A_i) = 0$ であるので，A_i と A_j は独立ではない．

問 7.5 10 本の中に丁度 3 本の当たりがあるくじを，2 回引いて 2 回とも当たりが出る確率を，次のそれぞれの場合に求めよ．

(1) 1 回目に引いたくじを元に戻してから 2 回目を引くとき（**復元抽出**という）．

(2) 1 回目に引いたくじを元に戻さないで 2 回目を引くとき（**非復元抽出**という）．

問 7.6 10 本中 3 本の当たりがあるくじを，復元抽出で 5 回引くとき，3 回だけ当たりが出る確率を求めよ．

2 つの事象 A, B が独立であるとは A と B とが互いに関係がないことのように思われるが，互いに関係のある（影響を及ぼす）2 つの事象であっても，$\mathrm{P}_A(B) = \mathrm{P}(B)$ が成り立てば独立である．

例 7.7 赤色のカード 2 枚にそれぞれ番号 1 と 2 が書いてあり，青色のカード 2 枚にそれぞれ番号 1 と 3 が書いてある．この 4 枚のカードから 1 枚を引いて，赤のカードである事象を R，番号が 1 である事象を A_1，番号が 2 である事象を A_2 とする．このとき，$\mathrm{P}_R(A_1) = \mathrm{P}(A_1) = \dfrac{1}{2}$ だから R と A_1 は独立である．他方，$\mathrm{P}_R(A_2) = \dfrac{1}{2}$, $\mathrm{P}(A_2) = \dfrac{1}{4}$ であるから，R と A_2 は独立でない．

コラム　「有名な確率の問題」

次の 2 つは非常に有名な問題である．答がどうなるか，まずは自分で考えてみると面白い．▶サポート 7.1

(1)（**モンティ・ホール問題**）．3 つの扉のうちの 1 つの扉の向こうに素晴らしい賞品があって，他の 2 つの扉の向こうは空である．あなたが 1 つの扉を選んだ後，司会者が他の 2 つの扉のうちの一つを開けて見せてくれると，そこは空であった．さて，あなたは今選んでいる扉を開けるべきか，それとももう 1 つの閉じている扉に替えるべきか？

(2)（**火曜日生まれの男の子の問題**）ある家には子供が 2 人いる．次の (i), (ii) のそれぞれの場合について，2 人の子供がいずれも男の子である確率を求めよ．ただし，無作為に選んだ 1 人の子が，男の子である確率は $\frac{1}{2}$ であり，火曜日生まれである確率は $\frac{1}{7}$ であるとする．

(i) 2 人のうちの 1 人が男の子であると分かっているとき．

(ii) 2 人のうちの 1 人が火曜日生まれの男の子であると分かっているとき．

7.3　期待値

ある試行の結果（事象）で数値[※11]が決まる変数 X（**確率変数**という）があって，その取りうる値が $x_1, x_2, \ldots, x_n$ であり，X がそれらの値を取る確率がそれぞれ $p_1, p_2, \ldots, p_n$ $(p_1 + p_2 + \cdots + p_n = 1)$ であるとき，

$$\mathrm{E}(X) = x_1 p_1 + x_2 p_2 + \cdots + x_n p_n$$

を確率変数 X の**期待値**という[※12]．各事象の確率が等しい（即ち $p_1 = p_2 = \cdots = p_n = \frac{1}{n}$）のときは $E(X) = \frac{x_1 + x_2 + \cdots + x_n}{n}$ で，$x_1, x_2, \ldots, x_n$ の通常の平均値[※13]となる．

※11　例えば獲得する金額や点数．

※12　E は expectation の頭文字．

※13　第 10 章「統計の基礎」参照．

例 7.8　サイコロ 1 個を 1 回振るという試行で，出た目を確率変数 X とすると，その期待値は $E(X) = \frac{1}{6}(1+2+3+4+5+6) = \frac{7}{2} = 3.5$ である．

例 7.9　赤玉 1 個，青玉 4 個，白玉 5 個の入った箱から無作為に 1 個の玉を取り出して，それが赤玉なら 1000 円，青玉なら 100 円，白玉なら 0 円（外れ）の賞金が貰えるくじにおいて，貰える金額の期待値（期待金額）は，$1000 \cdot \frac{1}{10} + 100 \cdot \frac{2}{5} + 0 \cdot \frac{1}{2} = 140$ 円である．従って，このくじを引く料金を 141 円以上にしておけば，その胴元[※14]は（このくじを十分多くの回数行えば）儲かることになる．

※14　そのくじを主催する人．元締め．

問 7.7 宝くじの賞金と発売枚数および当たりの本数を調べて，そのくじを 1 枚買ったとき獲得できる期待金額を計算せよ（それは，くじ 1 枚の値段よりかなり低いはずである）.

7.4 確率遷移行列

1 回目，2 回目，... とある試行（観測）を繰り返し行い，各回の事象の確率が前回の影響を受けながら変化していくとき，これを行列とベクトルを使って表すことができる※15.

※15 このような現象を**マルコフ過程**という.

例 7.10 A 先生はなぜか休講が多い．講義があった週の次の週の講義は $\dfrac{1}{2}$ の確率で休講となる．また，休講となった週の次の週は $\dfrac{3}{4}$ の確率で講義がある．この A 先生のある学期の第 1 回の講義があったとき，第 2 回，第 3 回，... に講義がある確率を考える.

第 n 回の講義がある確率を p_n，休講となる確率を q_n $(p_n + q_n = 1)$ とすると，

$$\begin{cases} p_n = \dfrac{1}{2}p_{n-1} + \dfrac{3}{4}q_{n-1} \\ q_n = \dfrac{1}{2}p_{n-1} + \dfrac{1}{4}q_{n-1} \end{cases} \quad (n = 2, 3, 4, \ldots)$$

という連立漸化式が成り立つ※16．$p_1 = 1, q_1 = 0$ であるから，$p_2 = \dfrac{1}{2}$, $q_2 = \dfrac{1}{2}$, $p_3 = \dfrac{5}{8}$, $q_3 = \dfrac{3}{8}$, ... と順次求まる.

※16 $q_n = 1 - p_n$ であるから，漸化式を p_n のみで記述することも出来るが，以下のように行列を使うときは，p_n と q_n の両方を考えたほうが都合が良い.

以上のことを，行列とベクトルを使って表す.

$$\boldsymbol{p}_n = \begin{pmatrix} p_n \\ q_n \end{pmatrix}, \ A = \begin{pmatrix} \dfrac{1}{2} & \dfrac{3}{4} \\ \dfrac{1}{2} & \dfrac{1}{4} \end{pmatrix}$$

とおくと，上の漸化式は

$$\boldsymbol{p}_1 = \begin{pmatrix} 1 \\ 0 \end{pmatrix}, \ \boldsymbol{p}_n = A\boldsymbol{p}_{n-1} \quad (n = 2, 3, 4, \ldots)$$

と表せる．これより，

$$\boldsymbol{p}_2 = A\boldsymbol{p}_1, \ \boldsymbol{p}_3 = A^2\boldsymbol{p}_1, \ \ldots, \ \boldsymbol{p}_n = A^{n-1}\boldsymbol{p}_1$$

と，行列の積（累乗）で $\boldsymbol{p}_n$ たちを求めることができる※17．このような行列を**（確率）遷移行列**という．さらに，行列の固有値と対角化※18を用いると，$\boldsymbol{p}_n$ の一般項が次のように求まる.

※17 等比数列に似ている.

※18 「線形代数」で学ぶ.

$$\boldsymbol{p}_n = \begin{pmatrix} p_n \\ q_n \end{pmatrix} = \frac{1}{5}\begin{pmatrix} 3 + 2\cdot\left(-\dfrac{1}{4}\right)^{n-1} \\ 2 - 2\cdot\left(-\dfrac{1}{4}\right)^{n-1} \end{pmatrix}$$

問 7.8　天気は「晴」と「雨」しかないとする．ある日が晴れたときその次の日が晴れる確率は 60 %，雨のとき翌日が晴れる確率は 50 %であるとしたときの，確率遷移行列を求めよ．最初の日が晴れたとして，2 日目，3 日目が晴れる確率はどのくらいか．

章末問題

7.1 壺の中に，赤玉 1 個，青玉 2 個，黄玉 3 個が入っている．ここから無作為に 3 個を取り出すとき，次の各事象の確率を求めよ．

(1) 3 個が全て黄玉．

(2) 赤玉，青玉，黄玉 1 個ずつ．

(3) 赤玉 1 個を含む．

(4) 少なくとも 1 個の青玉を含む．

(5) 丁度 2 個の黄玉を含む．

7.2 30 年以内に地震の起こる確率が 80 %であるとき，1 年以内に地震の起こる確率はどのくらいか．ただし，1 年間に地震の起こる確率はどの年も同じであるとする．

7.3 10 本のくじの中に丁度 3 本の当たりくじがあるとする．このくじを 2 回引くとき，次の (1), (2) のそれぞれの場合について，1 回目が外れて 2 回目が当たる確率と，2 回目が外れたという条件のもとで 1 回目が当たっていた条件付き確率を求めよ．

(1) 1 回目に引いたくじをもとに戻して 2 回目を引く復元抽出の場合．

(2) 1 回目に引いたくじを戻さないで 2 回目を引く非復元抽出の場合．

7.4 12 本のくじの中に丁度 3 本の当たりくじがあるとする．このくじを復元抽出で 3 回引くとき，次の (1), (2) のそれぞれの事象が起こる確率を求めよ．

(1) 2 回当たりで 1 回外れ．

(2) 少なくとも 1 回が当たり．

7.5 サイコロを 1 回振って，1 または 2 の目が出たら 60 円貰え，3 または 4 または 5 の目が出たら 200 円貰え，6 の目が出たら 300 円取られる有料のゲームがあるとする．このゲームを 1 回やるのに，いくらまでの料金を支払っても良いと考えられるか[※19]．

※19 このゲームは賭博に当たるので，実際にやってはいけない．

7.6 ある会社に 3 つの工場 A,B,C があって，各工場で共通の 1 つの製品を作っている．A の工場では全体の 30 %を作っていて，作った製品の 0.5 %が不良品である．B の工場では全体の 50 %を作っていて，作った製品の 0.2 %が不良品である．C の工場では全体の 20 %を作っていて，作った製品の 0.2 %が不良品である．

今，この製品を 1 台買ったら不良品であったとすると，これが A の工場で作られた確率を有効数字 3 桁の百分率（パーセント）で答えよ．

7.7 三角形 ABC のいずれかの頂点に 1 つのコマがあって，次の操作で動かしていく．（三角形の頂点は，反時計回りに A, B, C であるとする．）

操作：「サイコロを 1 回振って，1 か 2 の目が出たらコマを時計回りに 1 つ隣の頂点に動かし，その他の目が出たらコマを反時計回りに 1 つ隣の頂点に動かす．」

最初 A の頂点にコマを置いて上の操作を n 回繰り返した後，コマが頂点 A, B, C にある確率をそれぞれ p_n, q_n, r_n とする．（最初は $p_0 = 1, q_0 = 0, r_0 = 0$ である．）

$\boldsymbol{p}_n = \begin{pmatrix} p_n \\ q_n \\ r_n \end{pmatrix}$ $(n = 0, 1, 2, 3, \ldots)$ としたとき，$\boldsymbol{p}_n = A\boldsymbol{p}_{n-1}$　$(n = 1, 2, 3, \ldots)$ となる確率遷移行列 A を求めよ．また，$\boldsymbol{p}_2$ を求めよ．

8 関数

8.1 関数とグラフ

関数 移動距離や温度，電流等の変化する量を扱うのに，**関数**の概念を用いる．これらの量は，時間，位置（座標），電圧等の他の変化する量に伴って変化する．いま，変化する量を $x, y, \ldots$ 等の**変数**を用いて表すことにして，変数 y が変数 x に伴って変化する（あるいは，x の値が決まると y の値が決まる）とき，「**従属変数** y は**独立変数** x の関数である」といい，$y = f(x)$ などと表す．独立変数の動く範囲（あるいは考えている範囲）をこの関数の**定義域**といい，それに伴って従属変数の動く範囲を**値域**という．

例 8.1 真空中で物体が落下するとき，x 秒後の落下距離を $y\,\mathrm{m}$ とすると，$y = 4.9x^2$ となる※1．この場合，定義域は $x \geqq 0$，値域は $y \geqq 0$ である※2．

※1 通常は時間を t，落下距離を x で表すので，$x = 4.9t^2$ となる．

※2 単なる関数としては，定義域を実数全体とすることも出来る．

この例において，物体が $y\,\mathrm{m}$ 落下するのに $x = \sqrt{\dfrac{y}{4.9}}$ 秒かかる．このように見ると今度は x が y の関数とみなせる（独立変数と従属変数が入れ替わる）．これをもとの関数の**逆関数**といい $y = f(x)$ に対して $x = f^{-1}(y)$ と表す※3．

※3 「独立変数は x，従属変数は y」にこだわると，逆関数は $y = f^{-1}(x)$ と表すことになる．

逆関数において，y の 1 つの値に対して x の値が 1 つに定まらないこともある．その場合は x の値の範囲を制限して考える．例 8.1 の場合，$x \geqq 0$ の範囲に制限すると y に対して x の値がただ一つに定まる．

問 8.1 関数 $y = 2x + 3$ および $y = x^2 - 2x - 1$ $(x \geqq 1)$ の逆関数を求めよ．

2 つの関数 $y = f(u), u = g(x)$ に対して，$y = f(g(x))$ と u のところに $g(x)$ を代入して y を x の関数と見たものを，この 2 つの関数の**合成関数**といい $y = f \circ g(x)$ と表す．変数 u を用いないで $y = f(x)$ と $y = g(x)$ の合成関数といった場合は，2 種類の合成関数 $y = f \circ g(x) = f(g(x))$ と $y = g \circ f(x) = g(f(x))$ が考えられる．

例 8.2 $y = u^2 - 1$ と $u = 2x + 3$ の合成関数は $y = (2x + 3)^2 - 1 = 4x^2 + 12x + 8$ である．

問 8.2 $y=2x^2+1$ と $y=-x+5$ の合成関数 (2 つある) を求めよ.

関数のグラフ 関数 $y=f(x)$ に対して, xy 平面上に点 $(x, f(x))$ をプロットしてできる図形（曲線）をこの関数の**グラフ**※4 という.

逆関数の $x=f^{-1}(y)$ グラフは, もとの関数 $y=f(x)$ のグラフと同じ曲線である※5.

※4 「グラフ」という言葉は様々な意味で用いられるので, 注意が必要.

※5 関数 $y=f(x)$ の逆関数を $y=f^{-1}(x)$ と表したときは, そのグラフはもとの関数のグラフを直線 $y=x$ に関して対称移動した曲線となる.

例 8.3 関数 $y=x^2$, $y=(x-2)^2$, $y=x^2+5$ のグラフは, それぞれ次の図のような放物線となる.

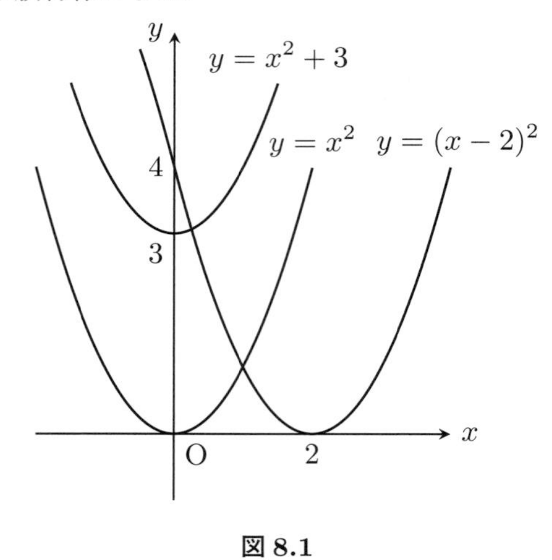

図 8.1

問 8.3 関数 $y=2x+3$, $y=x^2-2x-1$ のグラフを描け.

問 8.4 関数 $y=2x^2+3x-2$ のグラフ（放物線）を C とするとき, 次の曲線をグラフとする関数を求めよ.

(1) C を, x 軸の正の方向に 3, y 軸の負の方向に 5 だけ平行移動した曲線.

(2) C を原点に関して対称移動した曲線.

8.2 三角関数

三角関数 物体の回転や振動を記述するのに**三角関数**が用いられる.

xy 平面において, 原点 O を中心とする半径 1 の円周上の点を P とし, 線分 OP が x 軸の正の部分となす角度を θ とする. ただし, 反時計回り（左回転）を正の角度とし, 負の角度（時計回り）や 1 回転（360°）以上の角度も考える. 従って, 線分 OP に対して 360° の整数倍だけ異なる（無限個の）角度が定まることになる. これを**一般角**という.

角度 θ を測る単位は, 通常, **度**（degree）を用いるが, 微分積分を行うときは**ラジアン**※6（radian）を用いる. $360^\circ=2\pi\,\mathrm{rad}$ である. 電卓等で

※6 単位名 rad は省略することもある. 半径 1 の円の弧の長さで角度を測るので**弧度法**という.

三角関数の値を計算するときは角度の単位に注意が必要である．

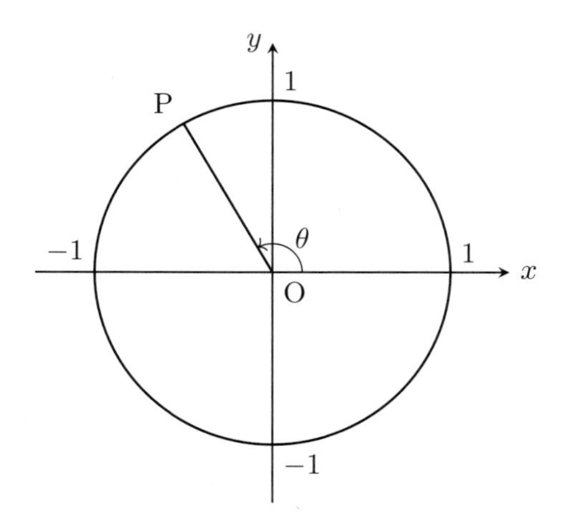

図 8.2　一般角

点 P の座標を (x, y) としたとき，一般角 θ に対して，三角関数を $\sin\theta = y$, $\cos\theta = x$, $\tan\theta = \dfrac{\sin\theta}{\cos\theta} = \dfrac{y}{x}$ と定め，それぞれ**正弦関数**（サイン），**余弦関数**（コサイン），**正接関数**（タンジェント）と呼ぶ．定義から $\cos^2\theta + \sin^2\theta = 1$ であることが分かる．

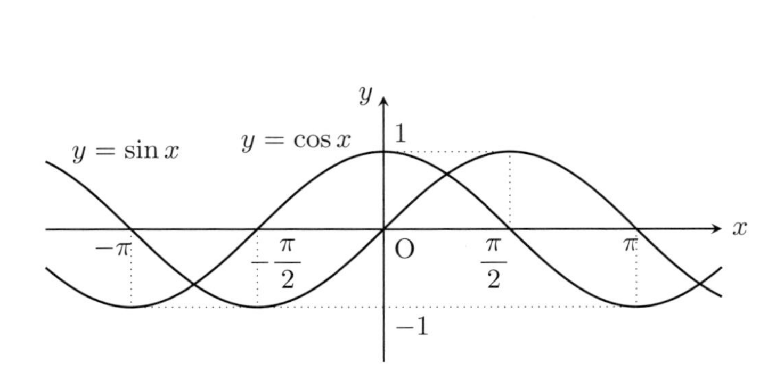

図 8.3　$y = \sin x$, $y = \cos x$ のグラフ（角度の単位はラジアン）

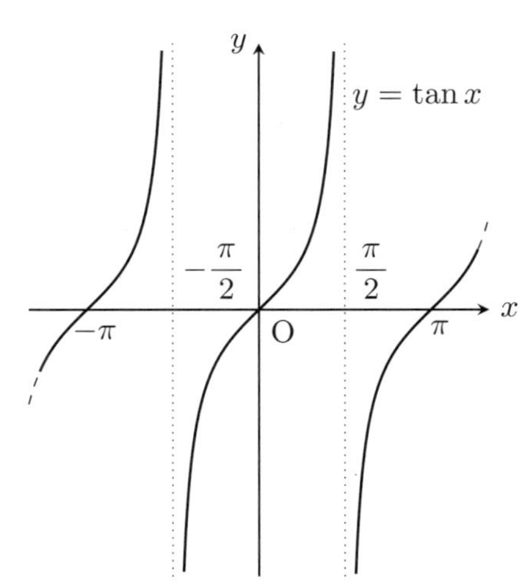

図 8.4　$y = \tan x$ のグラフ（角度の単位はラジアン）

$\angle$B が直角である直角三角形 ABC において，$\angle \mathrm{A} = \theta\ (0 < \theta < 90^\circ)$ とすると，$\sin\theta = \dfrac{\mathrm{BC}}{\mathrm{CA}}$, $\cos\theta = \dfrac{\mathrm{AB}}{\mathrm{CA}}$, $\tan\theta = \dfrac{\mathrm{BC}}{\mathrm{AB}}$ となる．

例 8.4　$\angle \mathrm{A} = 30^\circ$, $\angle \mathrm{B} = 90^\circ$ である直角三角形において，$\cos 30^\circ = \dfrac{\sqrt{3}}{2}$, $\sin 30^\circ = \dfrac{1}{2}$, $\tan 30^\circ = \dfrac{1}{\sqrt{3}}$ である．

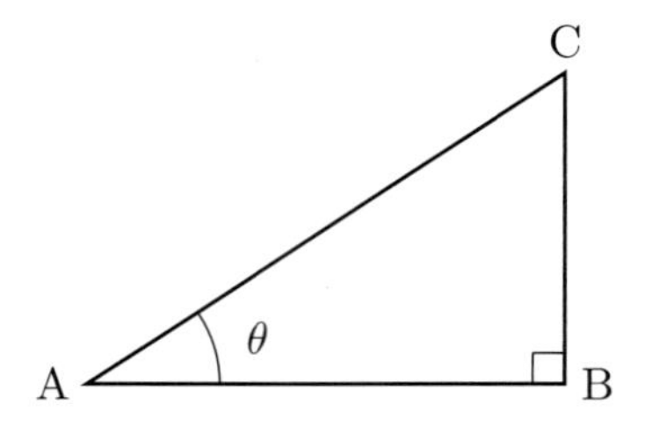

図 8.5　直角三角形

問 8.5　$\theta = 0°, 30°, 45°, 60°, 90°$ に対する $\cos\theta, \sin\theta, \tan\theta$ の値を（分数あるいは平方根を用いた形で）記せ．

問 8.6▦　$\sin(-147°), \cos 23°, \tan 400°$ の値を求めよ．

※7　図形を扱うときは，三角関数のことを**三角比**と呼ぶ．

図形と三角関数※7　$\triangle$ABC において，$\mathrm{BC} = a, \mathrm{CA} = b, \mathrm{AB} = c$ とし，$\angle\mathrm{A}, \angle\mathrm{B}, \angle\mathrm{C}$ の大きさをそれぞれ α, β, γ，外接円の半径を R とすると，これらの間に次の関係式が成り立つ．

正 弦 定 理

$$\frac{a}{\sin\alpha} = \frac{b}{\sin\beta} = \frac{c}{\sin\gamma} = 2R$$

余 弦 定 理

$$a^2 = b^2 + c^2 - 2bc\cos\alpha$$
$$b^2 = c^2 + a^2 - 2ca\cos\beta$$
$$c^2 = a^2 + b^2 - 2ab\cos\gamma$$

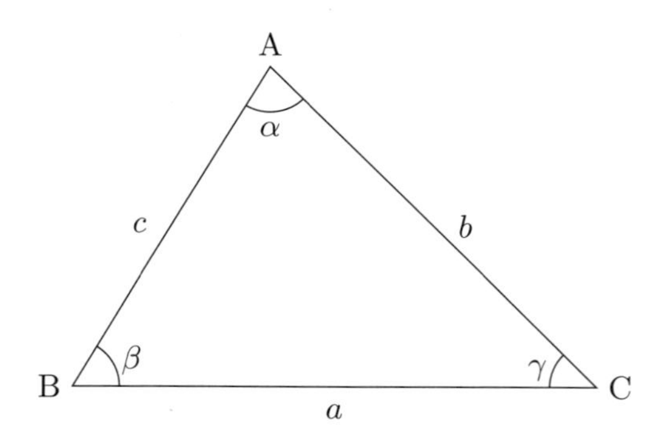

図 8.6

例 8.5 △ABC において, $\alpha = 40^\circ$, $\beta = 60^\circ$, $c = 3$ であるとき, $\gamma = 80^\circ$ であって, 正弦定理より $\dfrac{3}{\sin 80^\circ} = \dfrac{a}{\sin 40^\circ} = \dfrac{b}{\sin 60^\circ} = 2R$ である. これより $R \fallingdotseq 1.52$, $a \fallingdotseq 1.96$, $b \fallingdotseq 2.33$ となる. (三角関数の値は関数電卓を用いて求める.)

また, $b = 4$, $c = 3$, $\alpha = 70^\circ$ のときは, 余弦定理より $a = \sqrt{4^2 + 3^2 - 2 \cdot 3 \cdot 4 \cdot \cos 70^\circ}$ であって, $a \fallingdotseq 4.10$ となる※8.

※8 他の 2 つの角 β, γ の大きさも, 後述の「逆三角関数」の値を関数電卓で計算することにより求めることができる.

問 8.7▦ 川の手前に 12 m 離れた 2 つの地点 A, B があり, 川の向こう側の地点 P に木が立っている. ∠BAP と ∠ABP を測定したところ, それぞれ 78.3°, 62.7° であった. A 地点と木との距離は何 m か. 有効数字 3 桁で答えよ.

加法定理 三角関数の様々な計算において, 次の加法定理が基本的である.

三角関数の加法定理

(i) $\sin(\theta \pm \phi) = \sin\theta\cos\phi \pm \cos\theta\sin\phi$

(ii) $\cos(\theta \pm \phi) = \cos\theta\cos\phi \mp \sin\theta\sin\phi$

(iii) $\tan(\theta \pm \phi) = \dfrac{\tan\theta \pm \tan\phi}{1 \mp \tan\theta\tan\phi}$

(いずれも複号同順)

例 8.6 加法定理を用いると, $\cos(\theta + 180^\circ) = -\cos\theta$, $\cos(\theta + 90^\circ) = -\sin\theta$ 等がわかる. また, 例えば $\cos 75^\circ = \cos(30^\circ + 45^\circ) = \cos 30^\circ \cos 45^\circ - \sin 30^\circ \sin 45^\circ = \dfrac{\sqrt{3}}{2} \cdot \dfrac{\sqrt{2}}{2} - \dfrac{1}{2} \cdot \dfrac{\sqrt{2}}{2} = \dfrac{\sqrt{6} - \sqrt{2}}{4}$.

問 8.8 加法定理を用いて $\sin 15^\circ$, $\tan 105^\circ$ の値を求めよ.

逆三角関数 以下では, 角度の単位としてラジアンを用いる.

三角関数 $y = \sin x \left(-\dfrac{\pi}{2} \leqq x \leqq \dfrac{\pi}{2}\right)$, $y = \cos x \quad (0 \leqq x \leqq \pi)$, $y = \tan x \quad \left(-\dfrac{\pi}{2} < x < \dfrac{\pi}{2}\right)$ において, x の範囲をそれぞれの括弧内のように制限すると y の値に対して x の値 (角度) がただ一つに決まり, 従って逆関数が定まる. それらを (x と y を取り替えて) それぞれ $y = \arcsin x$ (**アークサイン**), $y = \arccos x$ (**アークコサイン**), $y = \arctan x$ (**アークタンジェント**) と表し※9, これらを逆三角関数と呼ぶ. 逆三角関数においては, 角度の単位は通常ラジアンを用いる.

※9 それぞれ, $y = \sin^{-1} x$, $y = \cos^{-1} x$, $y = \tan^{-1} x$ と表すこともある.

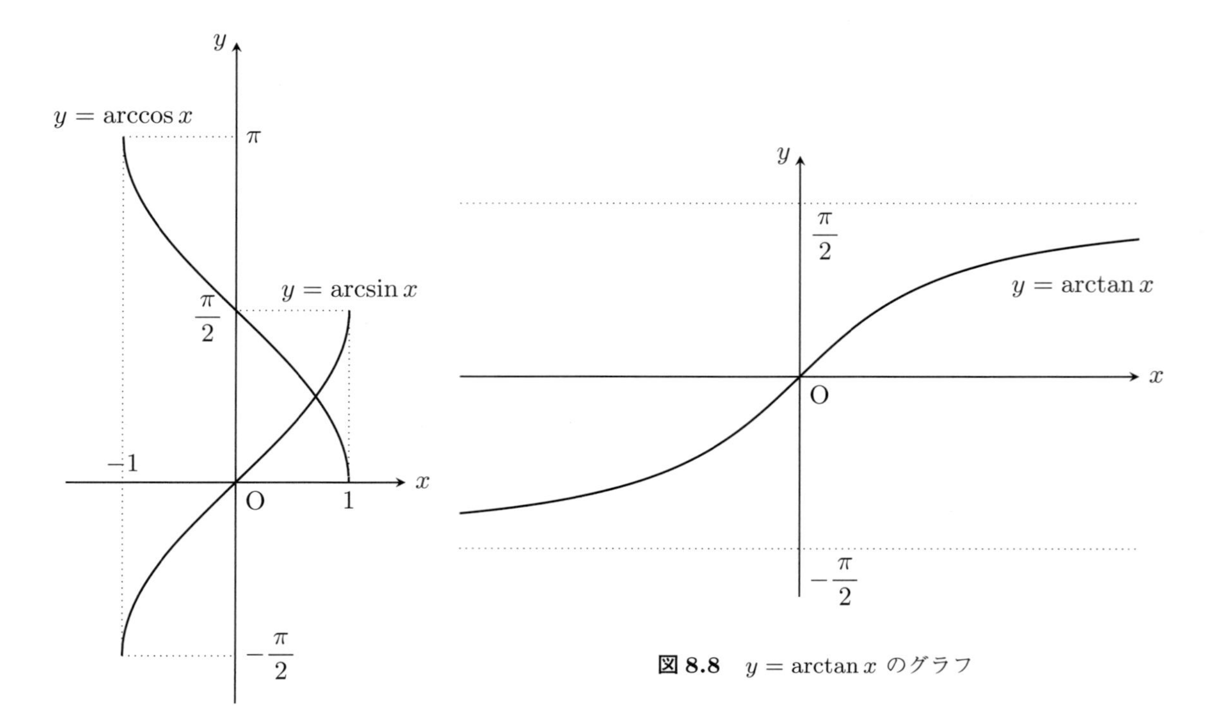

図 8.7　$y = \arcsin x$, $y = \arccos x$ のグラフ

図 8.8　$y = \arctan x$ のグラフ

例 8.7　$\sin\frac{\pi}{3} = \frac{\sqrt{3}}{2}$ であるから $\arcsin\frac{\sqrt{3}}{2} = \frac{\pi}{3}$，$\tan\left(-\frac{\pi}{4}\right) = -1$ であるから $\arctan(-1) = -\frac{\pi}{4}$ である．

問 8.9　$\arcsin\left(\frac{\sqrt{2}}{2}\right)$, $\arccos(-1)$, $\arctan\sqrt{3}$ の値を求めよ（答はラジアンで）．

問 8.10▦　$\arcsin(0.6)$, $\arccos(-0.25)$, $\arctan 7$ の値を求めよ（答は度とラジアンで）．

8.3　指数関数

バクテリアの増殖や放射性同位元素の崩壊，物体の冷却等の現象は，指数関数を用いて記述できる．

a を，$a > 0, a \neq 1$ であるような定数とする．自然数 m に対して $a^m = \overbrace{aa\cdots a}^{m\text{ 個の積}}$ を a の**累乗**または**べき乗**といい，a を**底**，m を**指数**という．定義より，自然数 m, n に対して $a^m \cdot a^n = a^{m+n}$, $(a^m)^n = a^{mn}$ が成り立つ．

次に，負の整数 $-m$ に対しては，$a^{-m} = \dfrac{1}{a^m}$ と定める．これより $a^0 = a^{m-m} = \dfrac{a^m}{a^m} = 1$ となる．

さらに，有理数 $\dfrac{m}{n}$ に対して，$a^{\frac{m}{n}} = \sqrt[n]{a^m}$（$a^m$ の n 乗根）とする．

実数 x に対しては，x に収束する有理数の列 $q_1, q_2, \ldots$ を取って，$a^x = \lim_{n\to\infty} a^{q_n}$ と定義すると a^x が定まる．

関数 $y = a^x$ を，a を底とする**指数関数**という．特に，底を $e = \lim_{n\to\infty}\left(1+\dfrac{1}{n}\right)^n = 2.71828\ldots$[※10] とした指数関数が（主に微分積分において）よく用いられる[※11]．指数関数 $y = e^x$ は $y = \exp(x)$ と表すこともある．

※10 この数 e を**自然対数の底**あるいは**ネピアの数**と呼ぶ．

※11 単に指数関数というと，この $y = e^x$ を指すことが多い．

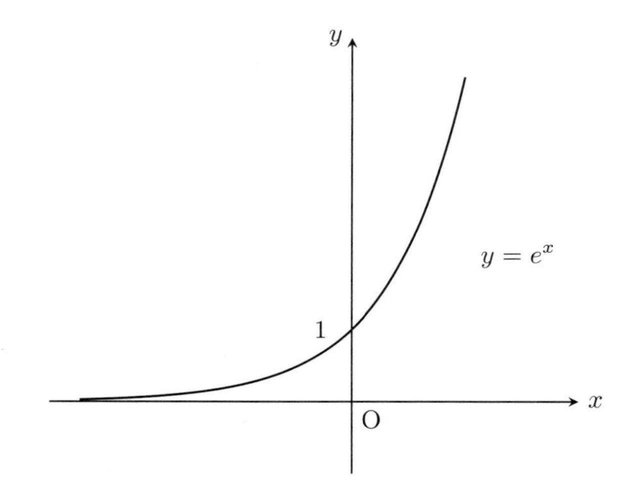

図 8.9 指数関数のグラフ

指数関数の性質

(i) 任意の x に対して $a^x > 0$

(ii) $a^0 = 1$

(iii) $a > 1$ のとき $y = a^x$ は増加関数で，大きな x に対しては急激に増加する．

(iv) $0 < a < 1$ のとき $y = a^x$ は減少関数で，大きな x に対しては非常に 0 に近い．

(v) $a^x a^y = a^{x+y}$, $(a^x)^y = a^{xy}$, $a^{-x} = \dfrac{1}{a^x}$

問 8.11 2^{300} と 3^{200} のどちらが大きいか．電卓を使わないで答えよ．

問 8.12▦ 1 枚のガラスを光が通過すると，その量がもとの 80 %になるとする．この同じガラスを 5 枚重ねると，そこを通過する光の量はもとの何%になるか．また，半分の厚さのガラス 1 枚ではどうか．

問 8.13　室温 a°C の部屋にコーヒーを放置したとき，t 分後のコーヒーの温度を x°C とすると，**冷却の法則**により $x = a + ce^{-kt}$ （a, c, k は定数，e はネピアの数）となる．今，室温 20°C の部屋に 80°C のコーヒーを放置して，30 分後に 40°C になったとすると，放置してから 1 時間後のコーヒーの温度は何度か．（電卓なしでも計算できる．）

コラム　「指数関数と音階」

音の高さは周波数（1 秒間の振動数で単位は Hz（ヘルツ））で決まる．音階内の 1 つの音に対して，1 オクターブ上の音は周波数が 2 倍となる．音階の決め方（音律）の一つである平均律は転調が容易であるという特徴がある．もう一つの音律である純正律（自然音階）では，2 つの音の周波数の比が簡単な整数比になっていて，和音の響きが美しいという特徴がある．

平均律の 1 オクターブの中には，「ド，ド#，レ，レ#，ミ，ファ，ファ#，ソ，ソ#，ラ，ラ#，シ」の 12 の音があって，その他の例えば「レ♭」は「ド#」と同じ音である（純正律においてはこれらは異なる音になる）．

楽器の音合わせでは，通常周波数 440 Hz の「ラ」の音を基準とする．これら 12 の音をそれぞれ $k = 0, 1, 2, \ldots, 11$ の数字で表すことにして，第 k 番の音の周波数を $f(k)$ Hz とすると，$f(k) = 400 \cdot 2^{\frac{k-9}{12}}$ と指数関数で表される．ここで，隣り合う 2 つの音の周波数の比は一定で $2^{\frac{1}{12}}$ になっていて，これが転調が容易な理由である．

（弦の材質や張力が同じだと）弦の長さはその音の周波数に反比例するので，各音ごとに弦があるような楽器（ピアノやハープなど）では，弦を並べた楽器の形（の一部分）は指数関数のグラフの曲線になっている．

次の表は，平均律と純正律における各音の周波数（下の「ド」の周波数を 1 とした比率）である．

音	ド	レ	ミ	ファ	ソ	ラ	シ	ド
平均律	1	1.122	1.26	1.335	1.498	1.682	1.888	2
純正律	1	1.125	1.25	1.333	1.5	1.667	1.875	2
純正律（分数）	1	$\frac{9}{8}$	$\frac{5}{4}$	$\frac{4}{3}$	$\frac{3}{2}$	$\frac{5}{3}$	$\frac{15}{8}$	2

8.4　対数関数

地震のエネルギーのように，非常に広い範囲で数値が変動する現象を扱うのに，対数関数が用いられる．

a を $a > 0, a \neq 1$ であるような定数とする．a を底とする指数関数 $y = a^x$ の逆関数を（x と y を取り替えて）$y = \log_a x$ と表し，a を底とする**対数関数**という[※12]．

※12　記号 log は logarithmic function（対数関数）の頭 3 文字．

例 8.8　$2^3 = 8$ より $\log_2 8 = 3$，$\left(\sqrt{3}\right)^{-4} = \dfrac{1}{9}$ より $\log_{\sqrt{3}} \dfrac{1}{9} = -4$ である．

問 8.14 $\log_2 \dfrac{1}{2\sqrt{2}}$, $\log_{\sqrt{3}} 3\sqrt[3]{9}$ の値を求めよ．

問 8.15 $\log_2 3$ は無理数であることを示せ．

底が 10 の対数 $\log_{10} x$ を**常用対数**，底が e（ネピアの数）の対数 $\log_e x$ を**自然対数**という※13．本書では自然対数を $\ln x$ と表す※14．

※13 いずれの対数も単に $\log x$ と表すことがあるので注意が必要である．

※14 多くの関数電卓では，常用対数のキーが [LOG]，自然対数のキーが [LN] となっている．

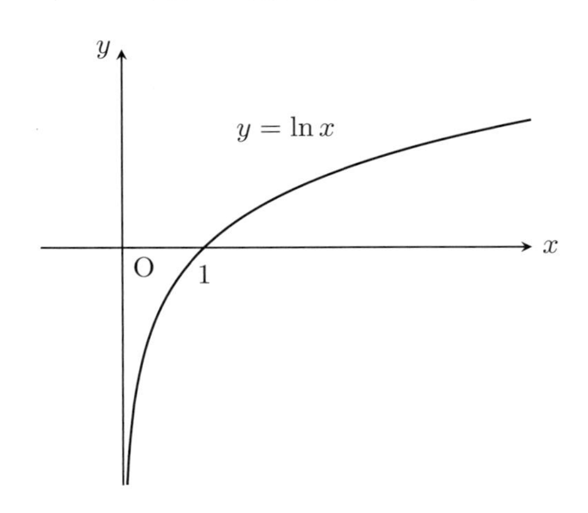

図 8.10 対数関数

対数関数の性質

底 a, b は 1 でない正の定数とする．

(i) $x \leqq 0$ のとき $\log_a x$ は（実数の）値を持たない．

(ii) $\log_a 1 = 0$

(iii) $a > 1$ のとき $y = \log_a x$ は増加関数で，大きな x に対しては非常にゆっくり増加する．

(iv) $0 < a < 1$ のとき $y = \log_a x$ は減少関数で，大きな x に対しては非常にゆっくり減少する．

(v) $\log_a x^y = y \log_a x$

(vi) $\log_a xy = \log_a x + \log_a y$

(vii) $\log_a x = \dfrac{\log_b x}{\log_b a}$ （底の変換公式）

例 8.9 $[\log_{10} x] = n$ のとき※15，$n \leqq \log_{10} x < n+1$ 即ち $10^n \leqq x < 10^{n+1}$ である．従って特に $n \geqq 0$ ならば x は整数部分が $n+1$ 桁の数である．例えば $\log_{10} 2^{100} = 100 \cdot \log_{10} 2 = 30.1\cdots$ であるから，2^{100} は 31 桁の数である．

※15 $[y]$ は，y を超えない最大の整数を表すガウス記号．

問 8.16 2^{3123} と 3^{1954} とはどちらが大きいか．

問 8.17▦　$\log_{10} 3^{100}$, $\log_2 3^{100}$ の値（近似値）を求めよ．3^{100} は（10進法で）何桁の数か．また，2 進法では何桁の数か．

例 8.10　地震のエネルギーは**マグニチュード**を用いて表す．エネルギーが E ジュールの地震のマグニチュード M は $M = \dfrac{\log_{10} E - 4.8}{1.5}$ で与えられる．例えば，エネルギーが 10^{10}（100 億）ジュールの地震のマグニチュードは $\dfrac{\log_{10} 10^{10} - 4.8}{1.5} = \dfrac{5.2}{1.5} \fallingdotseq 3.47$ である．
マグニチュードという単位を用いることによって，巨大な地震のエネルギーでも 10 以下の数で表すことが出来る．

問 8.18▦　マグニチュード 7 の地震のエネルギーは何ジュールか．また，マグニチュードが 1 増えると，地震のエネルギーは何倍になるか．

章末問題

8.1　$f(x) = x^2 + x + 1$, $g(x) = \dfrac{1}{x+2}$ のとき，逆関数 $f^{-1}(x)$, $g^{-1}(x)$ と，合成関数 $f \circ g(x)$, $g \circ f(x)$ を求めよ．

8.2　関数 $y = x^2 + 5x - 3$ および $y = 1 + \dfrac{1}{x-2}$ のグラフの概形を描け．

8.3　$\triangle$ABC において，$\angle A = 37°$, $AB = 3$, $CA = 7$ であるとき，$\angle B$, $\angle C$ と辺 BC の大きさを求めよ．

8.4　関数 $y = 3\sin 2\left(x - \dfrac{\pi t}{2}\right)$ において，$t = 0, 1, 2, 3$ としたグラフの概形を描け．（これは，時間 t に伴って「進行する波」を表している．）

8.5　10 万円を年利 0.7 %で預けると，10 年後の元利合計はいくらか．また，この貯金の元利合計が 20 万円を超えるのは何年後か．

8.6　室温 20°C の部屋に 90°C の紅茶を放置して，30 分後に 50°C になったとすると，放置してから 1 時間後の紅茶の温度は何度か．また，この紅茶の温度が 40°C となるのは，最初から何分後か．（問 8.13 参照．）

8.7　最初の個体数が 100 のバクテリアが 3 時間ごとに倍に増えるとすると，t 時間後の個体数は $n = f(t) = 100 \cdot 2^{\frac{t}{3}}$ となる．

(1) 20 時間後のバクテリアの個体数を求めよ．

(2) 個体数が 50000 に達するのは何時間後か．

8.8　水溶液の酸性，アルカリ性の度合いは，溶液中の水素イオン（H^+）の濃度によって決まる．水溶液 1 L 中の水素イオンの量が x mol であるとき，その水溶液の pH（ピーエイチまたはペーハー）を $-\log_{10} x$ と定める．pH の値は 0 から 14 の値を取り，値が小さいと酸性，大きいとアルカリ性であって，pH $= 7$ のとき中性である．

(1) 水溶液が中性のときの水素イオンの濃度（mol/L）を求めよ．

(2) pH $= 3$ の水溶液中の水素イオン濃度は，pH $= 7$ の水溶液の何倍か．

9 微分と積分

9.1 微分とその応用

導関数と微分係数　関数 $y = f(x)$ において，$\dfrac{f(x+\Delta x) - f(x)}{\Delta x}$ を，x が Δx だけ変化したときの $f(x)$ の**平均変化率**という※1．ここで Δx を限りなく 0 に近づけたときの極限値

$$\lim_{\Delta x \to 0} \frac{f(x+\Delta x) - f(x)}{\Delta x}$$

を，$y = f(x)$ の**導関数**あるいは **微分**と呼び y' や $f'(x)$ で表す．

※1　Δx（デルタエックス）は変数 x の微小な変化を表している．「Δ かける x」ではない．

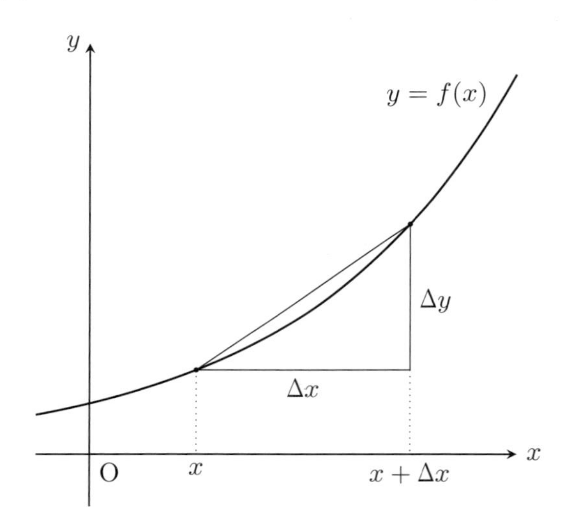

図 9.1

x が Δx だけ変化したときの y の変化を Δy と書けば，導関数は $\displaystyle\lim_{\Delta x \to 0} \frac{\Delta y}{\Delta x}$ となるので，導関数を $\dfrac{dy}{dx}$ と表すこともある※2．また，独立変数が時間 t で従属変数が座標 x であるとき，関数 $x = f(t)$ の導関数を $\dot{x}$ とも表す※3．

※2　$\dfrac{dy}{dx}$ はライプニッツ流の記号で，「ディーワイディーエックス」と読む．

※3　力学などで用いるニュートン流の記号．このとき，$\dot{x}$ は速度を表す．

定数 a に対して，導関数 $f'(x)$ の $x = a$ での値 $f'(a)$ は，$x = a$ における $f(x)$ の「瞬間の変化率」と解釈できる．これを $x = a$ における $f(x)$ の**微分係数**という．

関数 $y = f(x)$ のグラフ上の点 $(a,\, f(a))$ を通り，傾きが $f'(a)$ の直線

$$y = f'(a)(x - a) + f(a)$$

を，曲線 $y = f(x)$ の点 $(a,\, f(a))$ における**接線**という．

例 9.1 $y = x^3$ の導関数は，$\displaystyle\lim_{\Delta x \to 0} \frac{(x+\Delta x)^3 - x^3}{\Delta x} = \lim_{\Delta x \to 0}(3x^2 + 3x\Delta x + (\Delta x)^2) = 3x^2$ である．これより，$x = 2$ における微分係数は 12 であって，この関数 $y = x^3$ のグラフ上の点 $(2, 8)$ における接線の方程式は $y = 12(x-2) + 8 = 12x - 16$ である．

問 9.1 上の定義に従って，関数 $y = 2x^2 - x$ の導関数を求めよ．また，この関数のグラフの $x = 1$ なる点における接線の方程式を求めよ．

基本的な関数の導関数

(i) 定数 α に対して $(x^\alpha)' = \alpha x^{\alpha-1}$

(ii) $(\sin x)' = \cos x$, $(\cos x)' = -\sin x$

(iii) $(e^x)' = e^x$

(iv) $(\ln x)' = \dfrac{1}{x}$ （$\ln x = \log_e x$ は自然対数）

例 9.2 $(\sqrt{x})' = \left(x^{\frac{1}{2}}\right)' = \dfrac{1}{2}x^{-\frac{1}{2}} = \dfrac{1}{2\sqrt{x}}$

基本的な関数を組み合わせた複雑な関数の導関数を求めるには，次の公式を用いる．

微分（導関数）の公式

(i) $(f(x) \pm g(x))' = f'(x) \pm g'(x)$ （複号同順）

(ii) 定数 k に対して $(kf(x))' = kf'(x)$

(iii) $(f(x)g(x))' = f'(x)g(x) + f(x)g'(x)$ （積の微分公式）

(iv) $\left(\dfrac{f(x)}{g(x)}\right)' = \dfrac{f'(x)g(x) - f(x)g'(x)}{(g(x))^2}$ （商の微分公式）

(v) $u = g(x)$ のとき $\{f(g(x))\}' = f'(u)g'(x)$

（合成関数の微分公式）

(vi) $y = f(x)$ のとき $(f^{-1}(y))' = \dfrac{1}{f'(x)}$ （逆関数の微分公式）

(v) の「合成関数の微分公式」は，ライプニッツ流の記号だと $y = f(u)$, $u = g(x)$ のとき $\dfrac{dy}{dx} = \dfrac{dy}{du}\dfrac{du}{dx}$ となり，(vi) の「逆関数の微分公式」は $\dfrac{dy}{dx} = \dfrac{1}{\dfrac{dx}{dy}}$ となる．

例 9.3

(1) $(x^3-2x^2+7x-3)'=3x^2-4x+7$

(2) $(x^2\sin x)'=2x\sin x+x^2\cos x$

(3) $\left(\dfrac{\ln x}{\sqrt{x}}\right)'=\dfrac{\frac{\sqrt{x}}{x}-\frac{\ln x}{2\sqrt{x}}}{x}=\dfrac{2-\ln x}{2x\sqrt{x}}$

(4) $\left(e^{x^2}\right)'=e^{x^2}(x^2)'=2xe^{x^2}$

問 9.2　次の関数 $f(x)$ の導関数 $f'(x)$ を求めよ．

(1) $f(x)=5x^3+4x^2-x+8$　　(2) $f(x)=\sqrt{x}\ln x$

(3) $f(x)=\dfrac{x}{x^2+1}$　　(4) $f(x)=\ln(x^2+1)$

問 9.3　$\tan x\left(=\dfrac{\sin x}{\cos x}\right)$ の導関数を求めよ．

例 9.4　逆三角関数 $y=\arcsin x$ の逆関数は $x=\sin y$ $(-\frac{\pi}{2}\leqq y\leqq\frac{\pi}{2})$ であるから，$(\arcsin x)'=\dfrac{1}{(\sin y)'}=\dfrac{1}{\cos y}=\dfrac{1}{\sqrt{1-\sin^2 y}}=\dfrac{1}{\sqrt{1-x^2}}$.

問 9.4　$\arccos x$ および $\arctan x$ の導関数を求めよ．

問 9.5　$y=x\ln x$ のグラフの，$x=e$ なる点における接線の方程式を求めよ．

関数の増減　関数 $f(x)$ が考えている範囲で，「$x_1<x_2 \Rightarrow f(x_1)\leqq f(x_2)$」をみたすとき $f(x)$ はこの範囲で**増加**であるといい，「$x_1<x_2 \Rightarrow f(x_1)\geqq f(x_2)$」をみたすとき**減少**であるという．関数 $y=f(x)$ が増加のときそのグラフは右上がりであり，減少のときは右下がりである[※4].

※4　ここでいう増加・減少は「広義の」増加・減少である．

例 9.5　1次関数 $y=ax+b\,(a\neq 0)$ は，$a>0$ のとき増加関数，$a<0$ のとき減少関数である．

導関数の符号によって関数の増減が判定できる：

増 減 の 判 定

x のある範囲において

(i)　$f(x)$ が増加 $\Leftrightarrow$ $f'(x)\geqq 0$

(ii)　$f(x)$ が減少 $\Leftrightarrow$ $f'(x)\leqq 0$

関数 $f(x)$ が $x < a$ で増加，$x > a$ で減少であるとき，$f(x)$ は $x = a$ で**極大値** $f(a)$ を取るという．このとき，$x < a$ で $f'(x) \geqq 0$，$x > a$ で $f'(x) \leqq 0$ であるから，$f(a) = 0$ となる．

同様に，$x < a$ で減少，$x > a$ で増加であるとき，$f(x)$ は $x = a$ で**極小値** $f(a)$ を取るといい，$x < a$ で $f'(x) \leqq 0$，$x > a$ で $f'(x) \geqq 0$, $f'(a) = 0$ となる．

以上のことは，次の例にあるような**増減表**にまとめると分かりやすい[※5]．

※5 $y = f(x)$ のグラフの曲がり具合（凹凸）まで調べるときは，さらに 2 次の導関数 $f''(x)$ まで求める．（詳しくは「微分・積分」で学ぶ．）

例 9.6 3 次関数 $f(x) = 2x^3 + 3x^2 - 12x$ において，$f'(x) = 6x^2 + 6x - 12 = 6(x-1)(x+2)$ であるから，$x < -2$ では $f'(x) > 0$ で $f(x)$ は増加，$-2 < x < 1$ では $f'(x) < 0$ で減少，$1 < x$ では $f'(x) > 0$ で増加であって，$x = -2$ で極大値 $f(-2) = 20$, $x = 1$ で極小値 $f(1) = 7$ を取る．

この $f(x)$ の増減表は次のとおり．

x	$\cdots$	-2	$\cdots$	1	$\cdots$
$f'(x)$	$+$	0	$-$	0	$+$
$f(x)$	↗	20	↘	7	↗

問 9.6 関数 $f(x) = -x^3 + 6x^2 - 9x + 5$ の導関数を求め，増減表を作って極値（極大値と極小値）を求めよ．また，$f(x)$ の $2 \leqq x \leqq 4$ における最大値と最小値を求めよ．

9.2 積分とその応用

面積と定積分 三角形や長方形などの直線で囲まれた図形の面積は簡単な公式を使って求めることが出来るが，曲線で囲まれた図形の面積は次のような**区分求積法**で定める．

関数 $f(x)$ と定数 a, b に対して，$a < b$ のときは $a = x_0 < x_1 < x_2, \ldots, x_n = b$ であるような $x_0, x_1, \ldots, x_n$ を取って，区間 $a \leqq x \leqq b$ を n 個の小区間に分けておく．さらに，各小区間内に $x_{i-1} \leqq \xi_i \leqq x_i \, (i = 1, 2, \ldots, n)$ となる ξ_i を取る．$a > b$ のときは $a = x_0 > x_1 > \cdots > x_n = b$, $x_{i-1} \geqq \xi_i \geqq x_i \, (i = 1, 2, \ldots, n)$ としておく．

このとき，次の極限値[※6]を，区間 $a \leqq x \leqq b$ における $f(x)$ の**定積分**という[※7]．

$$\int_a^b f(x)\,dx = \lim_{n \to \infty} \sum_{i=1}^{n} f(\xi_i)(x_i - x_{i-1})$$

$a < b$ であって，区間 $a \leqq x \leqq b$ において $f(x) \geqq 0$ のとき，曲線 $y = f(x)$ と x 軸および 2 直線 $x = a, x = b$ で囲まれた部分の面積を S とすれば，$S = \displaystyle\int_a^b f(x)\,dx$ となる[※8]．

※6 $n \to \infty$ かつ各 i に対して $(x_i - x_{i-1}) \to 0$ とした極限値．

※7 積分記号 $\int$ は和の記号 $\sum$ が変化したもので，dx は x の小区間の幅（difference）の極限を表す．

※8 一般の曲線で囲まれた図形はこのような形の図形に分割できる．これが，曲線で囲まれた図形の面積の定義である．

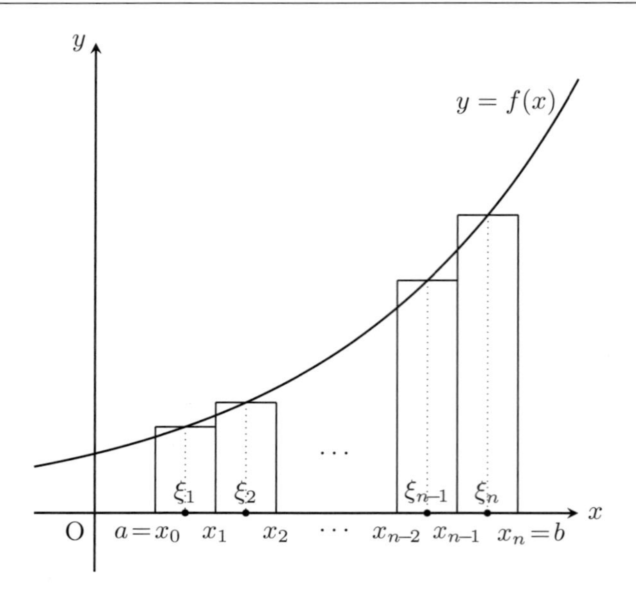

図 9.2　区分求積法（定積分の定義）

例 9.7　放物線 $y = x^2$ と x 軸および直線 $x = 1$ で囲まれた部分の面積 S を区分求積法で求めてみる.

区間 $0 \leqq x \leqq 1$ を $0 < \dfrac{1}{n} < \dfrac{2}{n} < \cdots < \dfrac{n}{n} = 1$ と分割し，各 i に対し $\xi_i = \dfrac{i}{n}$ とすれば，$S = \displaystyle\int_0^1 x^2\,dx = \lim_{n\to\infty}\sum_{i=1}^{n}\left(\frac{i}{n}\right)^2\frac{1}{n} = \lim_{n\to\infty}\frac{1}{n^3}\sum_{i=1}^{n} i^2 = \lim_{n\to\infty}\frac{n(n+1)(2n+1)}{6n^3} = \frac{1}{3}$ となる.

定義より，定積分は次のような性質を持つことが分かる.

定積分の性質

定数 a, b, c, k に対して，

(i) $\displaystyle\int_a^a f(x)\,dx = 0$

(ii) $\displaystyle\int_a^b kf(x)\,dx = k\int_a^b f(x)\,dx$

(iii) $\displaystyle\int_a^b (f(x) \pm g(x))\,dx = \int_a^b f(x)\,dx \pm \int_a^b g(x)\,dx$ （複号同順）

(iv) $\displaystyle\int_b^a f(x)\,dx = -\int_a^b f(x)\,dx$

(v) $\displaystyle\int_a^b f(x)\,dx = \int_a^c f(x)\,dx + \int_c^b f(x)\,dx$

定積分と不定積分 関数 $F(x)$ の導関数が $f(x)$ （即ち $F'(x) = f(x)$）であるとき，$F(x)$ を $f(x)$ の**原始関数**という．$F(x)$ が $f(x)$ の一つの原始関数のとき，$f(x)$ のすべての原始関数は $F(x) + C$ （C は任意の定数）の形をしている※9．$f(x)$ の原始関数の全体を $\int f(x)\,dx$ で表して，関数 $f(x)$ の**不定積分**という．

※9 この C を**積分定数**という．

$$f(x) \text{ の原始関数：} \ F(x) + C \ \underset{\text{積分}}{\overset{\text{微分}}{\rightleftarrows}} \ f(x) \ : F(x) \text{ の導関数}$$

次の「微分積分学の基本定理」により，不定積分を用いて定積分を求めることが出来る．

微分積分学の基本定理

$$\int f(x)\,dx = F(x) + C \qquad \text{であるとき，}$$

$$\int_a^b f(x)\,dx = F(b) - F(a) \quad \left(= \Big[F(x) \Big]_a^b \text{ と表す} \right)$$

例 9.8 $\left(\dfrac{x^3}{3}\right)' = x^2$ であるから，$\dfrac{x^3}{3}$ は x^2 の一つの原始関数である．

従って「微分積分学の基本定理」より $\displaystyle\int_0^1 x^2\,dx = \left[\frac{x^3}{3}\right]_0^1 = \frac{1}{3}$ ※10．

※10 **例 9.7** と比較せよ．

微分の公式を逆に見ることにより，次の不定積分の公式を得る．

不定積分の基本公式

(i) $\displaystyle\int x^\alpha\,dx = \frac{x^{\alpha+1}}{\alpha+1} + C$ （α は -1 でない定数）

(ii) $\displaystyle\int \sin x\,dx = -\cos x + C$

(iii) $\displaystyle\int \cos x\,dx = \sin x + C$

(iv) $\displaystyle\int e^x\,dx = e^x + C$

(v) $\displaystyle\int \frac{1}{x}\,dx = \ln|x| + C \ (x > 0)$

（C は任意の定数）

例 9.9 $\displaystyle\int_0^2 (x^3+2x^2-x+1)\,dx = \left[\frac{x^4}{4}+2\cdot\frac{x^3}{3}-\frac{x^2}{2}+x\right]_0^2$
$\displaystyle = 4+\frac{16}{3}-2+2=\frac{28}{3}.$

問 9.7　次の定積分の値を求めよ.

(1) $\displaystyle\int_1^5 \left(x+\frac{1}{x}\right)dx$　　(2) $\displaystyle\int_0^3 \sqrt{x}\,dx$

(3) $\displaystyle\int_{\frac{\pi}{6}}^{\frac{\pi}{3}} \sin x\,dx$　　(4) $\displaystyle\int_0^1 (1-2e^x)\,dx$

積分の計算法　「積の微分公式」と「合成関数の微分公式」を逆に見ることにより，積分の計算で有用な次の2つの公式が得られる.

部分積分法

$$\int_a^b f'(x)g(x)\,dx = \Big[f(x)g(x)\Big]_a^b - \int_a^b f(x)g'(x)\,dx$$

置換積分法

$x=g(t),\ a=g(\alpha),\ b=g(\beta)$ のとき

$$\int_a^b f(x)\,dx = \int_\alpha^\beta f(g(t))g'(t)\,dt$$

例 9.10

(1)（部分積分法）$\displaystyle\int_0^1 xe^x\,dx = \Big[xe^x\Big]_0^1 - \int_0^1 e^x\,dx = e-\Big[e^x\Big]_0^1 = e-(e-1)=1.$

(2)（部分積分法）$\displaystyle\int_1^e \ln x\,dx = \Big[x\ln x\Big]_1^e - \int_1^e x\cdot\frac{1}{x}\,dx = \Big[x\Big]_1^e = e-1.$

(3)（置換積分法）$\displaystyle I=\int_0^1 \sqrt{2x+3}\,dx$ において，$2x+3=t$, $\displaystyle x=\frac{t-3}{2}=g(t)$ と置くと，$x:0\to 1$ のとき $t:3\to 5$ で $\displaystyle g'(t)=\frac{1}{2}$ だから，

$$I=\int_3^5 \sqrt{t}\cdot\frac{1}{2}dt = \left[\frac{t^{\frac{3}{2}}}{\frac{3}{2}}\right]_3^5 = \frac{2}{3}\sqrt{5}-2\sqrt{3}.$$

(4)（置換積分法）$\displaystyle I=\int_0^{\frac{\pi}{2}} \sin x\cos x\,dx$ において，$t=\sin x$ と置くと $(\sin x)'=\cos x$ だから，（上記「置換積分の公式」の x と t の役割を入れ替えて使って）$\displaystyle I=\int_0^1 t\,dt = \left[\frac{t^2}{2}\right]_0^1 = \frac{1}{2}.$

問 9.8 次の定積分の値を求めよ.

(1) $\displaystyle\int_0^{\frac{\pi}{3}} x\cos x\,dx$ (2) $\displaystyle\int_1^2 x(x-1)^5\,dx$ (3) $\displaystyle\int_0^{\frac{\pi}{6}} \cos^3 x\sin x\,dx$

面積 区間 $a \leqq x \leqq b$ において $f(x) \leqq g(x)$ であるとき, 曲線 $y=f(x)$, $y=g(x)$ と直線 $x=a$, $x=b$ とで囲まれた部分の面積 S は, $S=\displaystyle\int_a^b (g(x)-f(x))\,dx$ である.

例 9.11 曲線 $y=\sin x$, $y=\cos x$ $(0 \leqq x \leqq \frac{\pi}{4})$ と y 軸とで囲まれた部分の面積 S は $S=\displaystyle\int_0^{\frac{\pi}{4}} (\cos x-\sin x)\,dx=\Big[\sin x+\cos x\Big]_0^{\frac{\pi}{4}}=\sqrt{2}-1$.

問 9.9 2 曲線 $y=x^2$, $y=\sqrt{x}$ で囲まれた部分の面積を求めよ.

線状の物体 長さ $a\,\mathrm{cm}$ の線状の物体の, 左端から $x\,\mathrm{cm}$ のところの線密度が $f(x)\,\mathrm{g/cm}$ であるとき※11, この物体の全質量を $M\,\mathrm{g}$ とすると, $M=\displaystyle\int_0^a f(x)\,dx$ である. また, その重心の位置が左端から $\overline{x}\,\mathrm{cm}$ のところであるとすると $\overline{x}=\dfrac{1}{M}\displaystyle\int_0^a xf(x)\,dx$ である※12.

※11 左端から $x\,\mathrm{cm}$ の部分の物体の質量を $F(x)\,\mathrm{g}$ とすると, $F'(x)=f(x)$ である.

※12 「力学」で学ぶ.

例 9.12 長さが $8\,\mathrm{cm}$ で, 左端から $x\,\mathrm{cm}$ のところの線密度が $(\sqrt[3]{x}+1)\,\mathrm{g/cm}$ であるような線状の物体の全質量は, $\displaystyle\int_0^8 (\sqrt[3]{x}+1)\,dx=\left[\frac{3}{4}x^{\frac{4}{3}}+x\right]_0^8=20\,\mathrm{g}$. 重心の位置は, 左端から $\dfrac{1}{20}\displaystyle\int_0^8 x(\sqrt[3]{x}+1)\,dx=\dfrac{146}{35}\fallingdotseq 4.17\,\mathrm{cm}$ のところ.

問 9.10 長さが $10\,\mathrm{cm}$ で, 左端から $x\,\mathrm{cm}$ のところの線密度が $(3x+1)\,\mathrm{g/cm}$ であるような線状の物体の, 全質量と重心の位置を求めよ.

章末問題

9.1 $f(x)=x^2-x+1$ であるとき，x が $x=1$ から $x=3$ まで変化したときの $f(x)$ の平均変化率と，$x=3$ における微分係数を求めよ．さらに，$x=3$ となる点における $y=f(x)$ のグラフの接線の方程式を求めよ．

9.2 次の関数の導関数を求めよ．

(1) $f(x)=x^4-3x^3+4x^2$　(2) $f(x)=\dfrac{1}{2}\cos 4x-3\sin 2x$

(3) $f(x)=e^{3x}+\dfrac{1}{3}e^{\frac{3x}{2}}$　(4) $f(x)=3\ln x^3-\ln\dfrac{x}{4}$

(5) $f(x)=x(\cos 2x+3\sin 2x)$　(6) $f(x)=\sqrt{x}e^{-x}$

9.3 区間 $0\leqq x\leqq 1$ において，関数 $f(x)=4x^3+3x^2-6x+2$ の増減表を作り，その最大値，最小値を求めよ．

9.4 周の長さが定数 a の二等辺三角形のうち，面積が最大となるのはどんな三角形か．

9.5 次の定積分の値を求めよ．

(1) $\displaystyle\int_1^2 (x^2-2x)\,dx$　(2) $\displaystyle\int_1^2 \frac{x-4}{x^3}\,dx$　(3) $\displaystyle\int_2^3 \sin\frac{\pi}{12}x\,dx$

(4) $\displaystyle\int_0^{\frac{\pi}{3}} \frac{1}{\cos^2 x}\,dx$　(5) $\displaystyle\int_0^1 (2x-1)e^{-x}\,dx$　(6) $\displaystyle\int_1^{e^2} \sqrt{x}\ln x\,dx$

9.6 曲線 $y=e^x$ の，原点を通る接線 ℓ の方程式を求めよ．また，この接線 ℓ と曲線 $y=e^x$ および y 軸で囲まれた部分の面積を求めよ．

9.7🖩 長さが 8 cm で，左端から x cm のところの線密度が $\sqrt{x+1}$ g/cm の線状の物体の，全質量と重心の位置を求めよ．

9.8 x 軸上を動く点 P の，スタートから t 秒後の座標を $x=x(t)$ とすると，P の t 秒後の速度は導関数 $\dot{x}(t)$，加速度は 2 次の導関数 $\ddot{x}(t)$ で表される[※13]．

今，座標の長さの単位を cm として，スタートから t 秒後の点 P の加速度が $(t-t^2)\,\mathrm{cm/s^2}$ であるとき，t 秒後の P の座標 $x(t)$ を求めよ．ただし，最初の座標は $x(0)=2$，初速度は $\dot{x}(0)=-3\,\mathrm{cm/s}$ であるとする．

※13　導関数 $\dot{x}(t)$ をもう 1 度微分した $\ddot{x}(t)$ を，2 次の導関数という．

10　統計の基礎

この章ではデータの取扱いを学ぶ．データの分析は，様々な研究や政策，経営戦略などの指針となる．また，ネット上の膨大なデータは人工知能の構築にも用いられる※1※2．

※1　本章においては，近似値であっても等号で表示している．

※2　本章における計算には，Excel や Google スプレッドシート などの表計算のツールを使用することが望ましい．

10.1　度数分布と代表値

考えている対象（人，都道府県，店舗，月日など）において，各個体ごとにある項目（身長，人口，売り上げ，最高気温など）のデータがあったとき，全体の傾向がわかるようにまとめて表やグラフで表す．また，データが数値のときは，全体の傾向を平均値などの数値（**代表値**）で表す．

度数分布　次の表は，41 人のクラスの試験（10 点満点）の点数と身長の，生のデータ※3 の最初の部分である．

※3　**ローデータ**という．

表 10.1　試験の得点と身長

生徒	A 君	B 君	C 君	$\cdots$
得点（点）	5	7	10	$\cdots$
身長（cm）	167.2	154.3	182.4	$\cdots$

点数や身長のように数値で表されるデータを**数的データ**といい※4，その数値を取る変数を統計学では**変量**という．変量のうち，試験の点数のように飛び飛びの値を取るものを**離散変量**，身長のように連続した値（実数値）を取るものを**連続変量**という．

※4　これに対し「性別」や「好きな食べ物」のように数値化できないものを**質的データ**という．ここでは数的データのみを扱う．

表 10.1 のデータでは，個々の数値は分かるが全体の傾向は分からない．また，個々の数値は個人情報なので取り扱いに注意が必要である．そこで，このデータを，各項目（得点あるいは身長）に数値ごとの人数を記した 表 10.2，表 10.3 のような表にまとめる．

この表のように，変量の各値に対してその値を取るものの個数（今の場合は人数）を**度数**といい，度数を表にしたものを**度数分布表**という．これら 2 つの度数分布表には，さらに各度数の全体の中で占める割合が百分率で記してある．これを**相対度数**という．相対度数を見ると度数の分布が分かりやすい．

連続変量の場合，変量の各値ごとに度数を記してもその分布の様子は分かりにくいので，変量の取りうる値の区間を適当に等分した小区間を取っ

表 10.2　試験の得点

点数 （点）	人数 （人）	相対度数 （%）
2	3	7.3
3	4	9.8
4	2	4.9
5	7	17.1
6	6	14.6
7	10	24.4
8	4	9.8
9	3	7.3
10	2	4.9

表 10.3　身長

身長 （cm）	人数 （人）	相対度数 （%）
145 ∼ 150	2	4.9
150 ∼ 155	5	12.2
155 ∼ 160	8	19.5
160 ∼ 165	9	22.0
165 ∼ 170	6	14.6
170 ∼ 175	5	12.2
175 ∼ 180	4	9.8
180 ∼ 185	1	2.4
185 ∼ 190	1	2.4

て，その各小区間ごとの度数を記す．この小区間を**階級**といい，その中の 1 つの代表の値（多くは中央の値）を**階級値**という．表 10.3 の 145 ∼ 150 などは階級である．階級 $a \sim b$ において，変量 x の取る値は通常 $a \leqq x < b$（a 以上 b 未満）とする．

離散変量の場合でも，変量の取る値が広い範囲に渡る場合（例えば，点数が 100 点満点のとき）は，度数分布表において階級を取った方がよい．

階級の個数を決める一つの目安として次の公式がある．

「**スタージェスの公式**：データの総数が n であるとき，階級の個数は $1 + \log_2 n$ 程度にする」

表 10.3 においてはデータ数が 41 なので，階級の個数は $1 + \log_2 41 \fallingdotseq 6$ 程度がよいことになるが，階級の境界値が半端な数になると見にくくなる．ここでは境界値を 5 cm 刻みにして，階級数を 8 とした．

ヒストグラム　度数分布を階級ごとの柱状のグラフにしたものを**ヒストグラム**という．表 10.2，表 10.3 をヒストグラムにすると図 10.1 のようになる（身長のヒストグラムの横軸の数字は各階級の最小値である）．

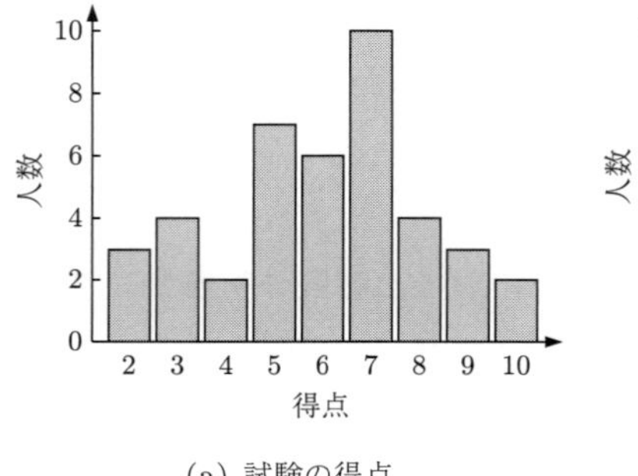

(a) 試験の得点

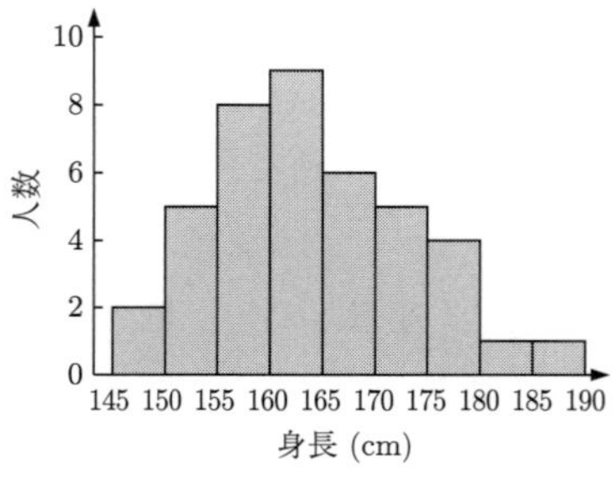

(b) 身長

図 10.1

例 10.1 表 10.4 は日本の年齢別人口である.（2020 年総務省統計局ホームページのデータによる.）この表で，いちばん右の列の**累積度数**は，年齢別の人口を年齢の小さい方から足していったものである．累積度数を見ると，例えば 20 歳未満の人口が 2073 万 7 千人であることが分かる．

表 10.4 年齢別人口

年齢	人口（千人）	累積度数（千人）
0 ～ 4 歳	4541	4541
5 ～ 9 歳	5114	9655
10 ～ 14 歳	5376	15031
15 ～ 19 歳	5706	20737
20 ～ 24 歳	6320	27057
25 ～ 29 歳	6384	33441
30 ～ 34 歳	6714	40155
35 ～ 39 歳	7498	47653
40 ～ 44 歳	8476	56129
45 ～ 49 歳	9868	65997
50 ～ 54 歳	8738	74735
55 ～ 59 歳	7940	82675
60 ～ 64 歳	7442	90117
65 ～ 69 歳	8236	98353
70 ～ 74 歳	9189	107542
75 ～ 79 歳	7064	114606
80 ～ 84 歳	5404	120010
85 ～ 89 歳	3742	123752
90 ～ 94 歳	1811	125563
95 ～ 99 歳	500	126063
100 ～ 104 歳	74	126137
105 ～ 109 歳	6	126143

図 10.2 は，度数分布表 10.4 のヒストグラムである（横軸の数字は 5 歳幅の階級の中央値を一つおきに記している）．年齢が小さくなるほど人口が減少してる「少子化傾向」が見て取れる．

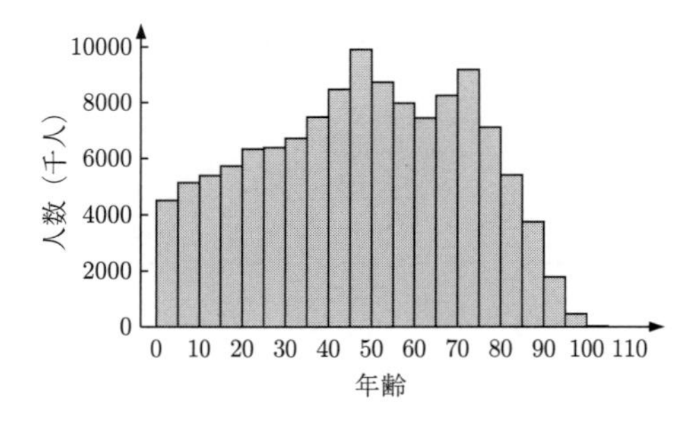

図 10.2 年齢別人口

問 10.1 次のデータは，サイコロを 20 回振ったときに出た目である．このデータから度数分布表とヒストグラムを作れ．

$$\{6,1,2,1,2,1,2,6,6,5,4,3,3,4,2,5,1,5,6,6\}$$

平均値 ある項目に関するデータの集まりがあったとき，その全体の様子を一つの数値で代表させることがある．その中で最も多く用いられるのが**平均値**である．今，データの総数が n でデータ（変量の値）が $x_1, x_2, \ldots, x_n$ であるとき，その平均値を $\overline{x} = \frac{1}{n}\sum_{k=1}^{n} x_k$ と定める．データが表 10.5 のような度数分布表で与えられているときは，$n = \sum_{i=1}^{m} f_i$ であって，平均値は $\overline{x} = \frac{1}{n}\sum_{i=1}^{m} x_i f_i$ となる※5.

※5 このように，各値に度数（重み）を掛けた形の平均値を**重み付き平均値**という．

表 10.5

変量 x の値	x_1	x_2	$\cdots$	x_m
度数	f_1	f_2	$\cdots$	f_m

例えば表 10.2 の得点のデータの場合，平均値は $\overline{x} = \frac{2 \cdot 3 + 3 \cdot 4 + \cdots + 10 \cdot 2}{41} = 6.24$ 点 である．

連続変量であって変量の値が階級で与えられているときは，各階級の代表値を $x_1, x_2, \ldots, x_m$ として同様に平均値を求める．この場合，ローデータから直接求めた平均値とは若干の差が生じる．表 10.3 の身長のデータの場合，平均値は $\overline{x} = \frac{147.5 \cdot 2 + 152.5 \cdot 5 + \cdots + 187.5 \cdot 1}{41} = 164.1\,\mathrm{cm}$ となる．

例 10.2 次の表はある試験（10 点満点）における，2 つのグループ A, B の男女別の平均点（得点の平均値）である．

表 10.6

	男子		女子		グループの平均点
	人数	平均点	人数	平均点	
A グループ	3	6.9	10	8.2	7.9
B グループ	12	7.1	5	8.7	7.57

この表において，男女別の平均点はいずれも B グループの方が高いのに，グループ全体の平均点は A グループの方が高くなっている．このように，データのいくつかのグループの間で，グループの平均値とその各部分ごとの平均値の大小が逆転する現象を**シンプソンのパラドックス**※6 という．

※6 「パラドックス」とは，一見矛盾しているが場合によっては真となるような言説のこと．「逆説」ともいう．例えば「急がば廻れ」．

メディアンとモード n 個の数値から成るデータにおいて，データの値を小さいものから並べたものを $x_1 \leqq x_2 \leqq \cdots \leqq x_n$ としたとき，この真ん中の値を**メディアン**または**中央値**という．メディアンを med と表すことにすれば，データの総数 n が奇数のときは $\mathrm{med} = x_{\frac{n+1}{2}}$ となる．n が偶数のときは真ん中の値がないので，$\mathrm{med} = \dfrac{x_{\frac{n}{2}} + x_{\frac{n}{2}+1}}{2}$ と定める．また，度数分布表において変量の値が階級に分かれているときは，累積度数が初めて $\dfrac{n}{2}$ を超える階級の階級値をメディアンとする．

度数分布表において度数が最大となる変量の値を**モード**または**最頻値**（さいひんち）という．変量の値が階級に分かれているときは，度数が最大になる階級の階級値をモードとする．度数が最大となるところが複数あれば，モードの値も複数となる．

例 10.3 データ $\{2,2,2,4,4,5,7,7,8\}$ のメディアンは 4，モードは 2 である．また，データ $\{2,2,2,4,4,5,7,7,7,8\}$ のメディアンは 4.5，モードは 2 と 7 である．

例 10.4 次の表は，試験の点数の度数分布表に累積度数を付け加えたものである．

表 10.7

点数	度数（人数）	累積度数
0	0	0
1	2	2
2	3	5
3	3	8
4	1	9
5	7	16
6	6	22
7	10	32
8	4	36
9	3	39
10	2	41

このデータの平均値は $\dfrac{1 \cdot 2 + 2 \cdot 3 + \cdots + 10 \cdot 2}{41} = 5.88$ である．また，メディアンは累積度数が $\dfrac{41}{2} = 20.5$ を超えるところの点数 6 であって，平均点以上の得点の人数が 41 人中 25 人で半数を超えている．また，モードは度数が最大となるところの点数 7 である．

問 10.2🖩 身長の度数分布の表 10.3 における，平均値，メディアン，モードの値を求めよ．

コラム　「ベンフォードの法則」

次の表は，世界 259 カ国（属領等を含む）の面積（単位は km^2）の先頭の桁の数字がそれぞれ $1, 2, \ldots, 9$ であるものの数とその割合である．（例えば日本の面積は $378{,}000\,\mathrm{km}^2$ であって，先頭桁の数字は 3 である．）

先頭桁の数字	1	2	3	4	5	6	7	8	9
国の数	74	44	38	26	19	15	16	13	14
割合（%）	28.6	17.0	14.7	10.0	7.3	5.8	6.2	5.0	5.4

この表を見ると，先頭桁の数が 1 であるものの割合が飛び抜けて多く，その後先頭桁が $2, 3, \ldots$ であるものの割合は（概ね）減少して行っていることが分かる．ある種の自然発生的な数値で広い範囲に渡るものについては，このような現象が見られることがある．これを**ベンフォードの法則**という．

ベンフォードの法則を厳密に証明することは出来ないが，一つのヒントとして（自然発生的ではないが） 2 の累乗 $2^1, 2^2, 2^3, \ldots$ の値について，先頭桁が d のものの割合は $\log_{10}(d+1) - \log_{10} d$ に近づいて行くことが証明できる．その割合を百分率で表したものが下の表である．

2^n の先頭桁 d	1	2	3	4	5	6	7	8	9
割合（%）	30.1	17.6	12.5	9.7	7.9	6.7	5.8	5.1	4.6

ある種の自然発生的な数値の先頭桁も，このような等比数列の先頭桁と類似の分布をしていると考えられる．

ベンフォードの法則は，不自然なデータ（測定ミスや改竄（かいざん）・捏造（ねつぞう））を発見するのに用いられる．

10.2　データの散らばり

図 10.3 の 2 つのヒストグラムは，あるクラスの国語と数学の試験の得点の度数分布を表している．全体に国語の方が数学に比べて成績がいいのが見て取れるが，また数学は 10 点満点の生徒がいるなど，国語に比べて点数が散らばっていることも分かる．このようなデータの散らばり具合を表すのに，箱ひげ図，分散，標準偏差などが用いられる．

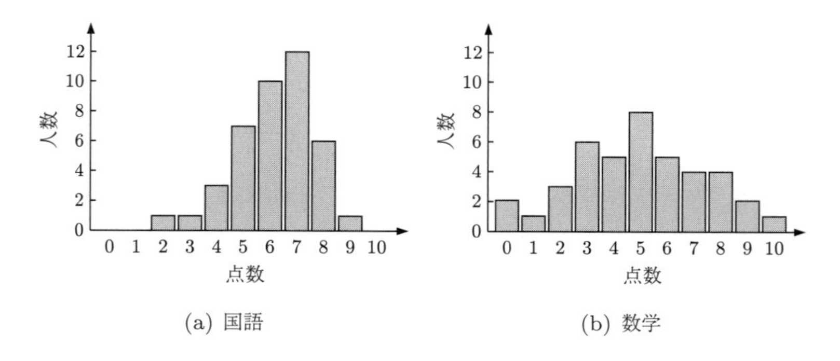

(a) 国語　　(b) 数学

図 10.3

箱ひげ図 データを小さいものから順に並べたとき，最初から $\frac{1}{4}$（25 %）のところにあるデータの値を**第 1 四分位数**といって Q_1 で表し，最初から $\frac{3}{4}$（75 %）のところにあるデータの値を**第 3 四分位数**といって Q_3 で表す※7．これらの点とデータの最小値，最大値を，図 10.4 のような図で表す．これを**箱ひげ図**という．箱ひげ図全体の長さは最大値と最小値の差であって，これを**データの範囲**という※8．また，箱の部分の長さ（即ち，第 3 四分位数と第 1 四分位数の差）をこのデータの**四分位範囲**といって，データは概ねこの範囲に集まっている．

※7 第 2 四分位数 Q_2 はメディアンである．

※8 他の大部分のデータの値とあまりにかけ離れている値は，ノイズあるいは測定ミスとしてデータから除くことがある．これを**外れ値**というが，このようなデータが重要な情報を含んでいることもあるので注意が必要である．

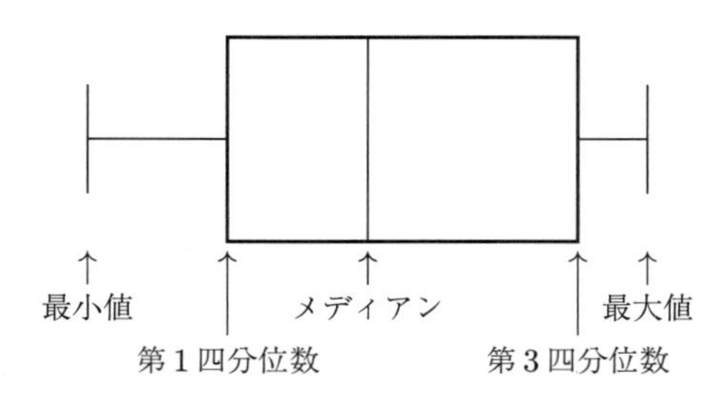

図 10.4 箱ひげ図

例 10.5 図 10.3 の (a) では，平均値は $\overline{x} = 6.17$ で，データの最小値は 2，第 1 四分位数 $Q_1 = 5$，メディアン med $= 6$，第 3 四分位数 $Q_3 = 7$ で，最大値は 9 である．また (b) においては，平均値が $\overline{x} = 4.95$，最小値は 0，第 1 四分位数 $Q_1 = 3$，メディアン med $= 5$，第 3 四分位数 $Q_3 = 7$ で，最大値は 10 である．

これを箱ひげ図で表すと次の図 10.5 のようになる．(a) より (b) の点数の方が散らばっている様子が簡明に表されている．

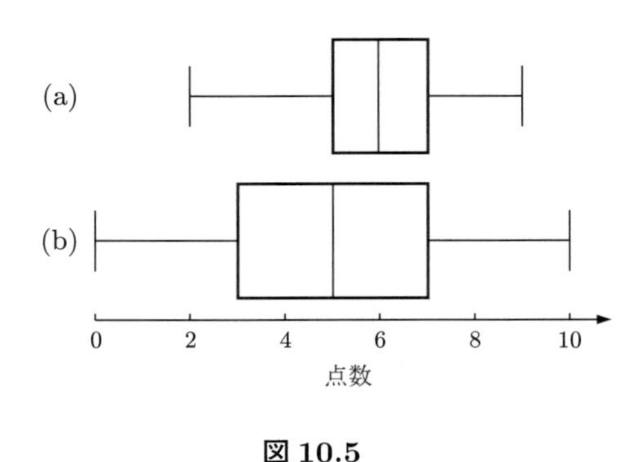

図 10.5

問 10.3 前節の表 10.7 のデータについて，各四分位数を求め，箱ひげ図の概形を描け．

分散と標準偏差 次に，データの集まりにおいてその散らばりの度合いを数値で表すことを考える．

今，データ $\{x_1, x_2, \ldots, x_n\}$ の平均値を $\overline{x}$ としたとき，$s^2 = \dfrac{1}{n}\sum_{i=1}^{n}(x_i - \overline{x})^2$ をこのデータの**分散**という．これは，各データの値と平均値との差[※9]の2乗の平均値である．一般に，この値が大きいほどデータが散らばっているということが出来る．さらに，分散の正の平方根を取った値 s をこのデータの**標準偏差**という．標準偏差の単位はもとのデータの数値の単位と同じであるので，これらを比較することが出来る．特に，平均値と各データの値との差を，標準偏差を単位として測ることがよく行われる．

※9 $x_i - \overline{x}$ を**偏差**という．

例 10.6 図 10.3 の (a) では，分散は $s^2 = 2.14$ で標準偏差は $s = \sqrt{2.14} = 1.46$ である． (b) の分散は $s^2 = 5.75$，標準偏差は $s = \sqrt{5.75} = 2.40$ であって，(b) のデータの方が散らばっていることが，これらの数値に表れている．

平均，分散，標準偏差

データ $\{x_1, x_2, \ldots, x_n\}$ に対して

(i) 平均 $\overline{x} = \dfrac{1}{n}\sum_{i=1}^{n} x_i$

(ii) 分散 $s^2 = \dfrac{1}{n}\sum_{i=1}^{n}(x_i - \overline{x})^2 = \dfrac{1}{n}\sum_{i=1}^{n} x_i^2 - (\overline{x})^2$

(iii) 標準偏差 $s = \sqrt{s^2}$

問 10.4▦ 次の2組のデータ A, B の平均値，分散，標準偏差を計算して比較せよ．

$A = \{1, 1, 2, 3, 4, 4, 6, 7, 8, 9\}$, $\quad B = \{2, 3, 4, 4, 4, 5, 5, 7, 7, 8\}$

10.3 データの相関

各個体に対して2種類の変量 x, y がある場合，これを**2変量データ**という．本節ではこの x と y の関係を扱う．

散布図 8人の生徒に対し，各生徒の身長，体重に関する表 10.8 のようなデータがあるとする．これを，横軸（x 軸）を身長，縦軸（y 軸）を体重としてプロットしたグラフが図 10.6 である．このような図を**散布図**という．

この図では，身長と体重を測る単位が異なるため，両者の関係が分かり

表 10.8

生徒	1	2	3	4	5	6	7	8
身長 x (cm)	171	165	160	184	164	173	158	177
体重 y (kg)	62.3	68.1	58.2	72.2	63.7	63.8	55.8	63.1

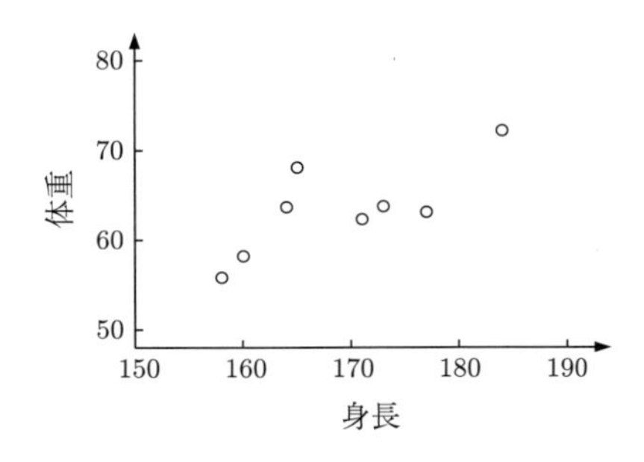

図 10.6 身長と体重の散布図

づらい．そこで，次のような**データの標準化**を行う．

今，各個体に対するデータの組 $(x_i, y_i)\,(i = 1, 2, \ldots, n)$ があって，変量 x の平均値が $\overline{x}$ で標準偏差が s_x，変量 y の平均値が $\overline{y}$ で標準偏差が s_y であるとき，新しい変量 u, v の値を，各 i に対して $u_i = \dfrac{x_i - \overline{x}}{s_x}$, $v_i = \dfrac{y_i - \overline{x}}{s_y}$ と定めると，u, v の平均値と標準偏差は $\overline{u} = \overline{v} = 0$, $s_u = s_v = 1$ となる．この u, v を変量 x, y の標準化という．

表 10.8 のデータに対して標準化を行ったのが表 10.9 であり，その散布図が図 10.7 である．

表 10.9

生徒	1	2	3	4	5	6	7	8
u	0.240	−0.482	−1.083	1.806	−0.602	0.482	−1.32	0.963
v	−0.228	0.975	−1.079	1.826	0.062	0.083	−1.577	−0.062

図 10.7 のような標準化した散布図においては，平均値を表す 2 本の直線 $u = 0$ と $v = 0$ で全体が 4 つの部分に分かれている．右上と左下の部分のプロットは u_i と v_i とがいずれもそれぞれの平均値より大きいかいずれも小さい場合であり，右下と左上の部分のプロットは平均値との大小が u_i と v_i とで逆になっている場合である．すなわち，右上と左下のプロットの数が多いほど，変量 u と v （あるいは変量 x と y）の一方が大きいとき他方も大きく一方が小さい時他方も小さい傾向があるといえる．このとき変量 x と y には「**正の相関**がある」という．また，右下と左上のプロットの数が多いほど「**負の相関**がある」という．

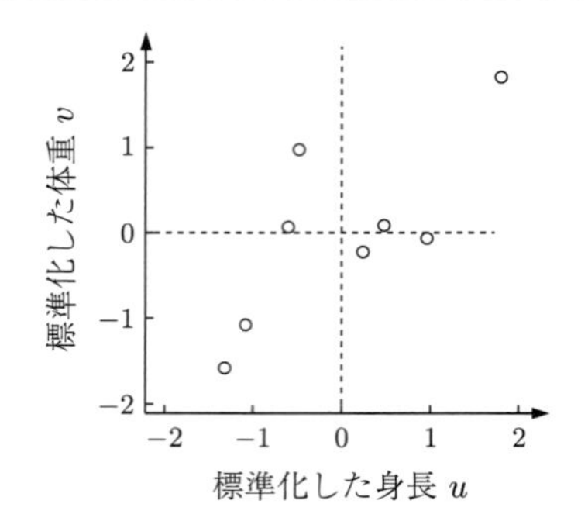

図 10.7　標準化した身長と体重の散布図

相関係数　2つの変量 x と y の組が値 $(x_1, y_1), (x_2, y_2), \ldots, (x_n, y_n)$ を取るとき，$s_{xy} = \dfrac{1}{n}\displaystyle\sum_{i=1}^{n}(x_i - \overline{x})(y_i - \overline{y})$ を x と y の**共分散**という．x と y に正の相関があるとき $s_{xy} > 0$ となり，負の相関があるとき $s_{xy} < 0$ となる．

さらに，x と y の**相関係数**を $r = \dfrac{s_{xy}}{s_x s_y}$ と定める．ここで s_{xy} は x, y の共分散であり s_x, s_y はそれぞれ x と y の標準偏差である．また，変量 x, y の標準化をそれぞれ u, v とすれば，$r = s_{uv}$ （u, v の共分散）となる．相関係数は $-1 \leqq r \leqq 1$ の範囲の値を取って，r が 1 に近いほど x, y に強い正の相関があり，-1 に近いほど強い負の相関がある．また，$r \fallingdotseq 0$ のとき，x と y には相関がないと考えられる※10． ▶サポート 10.1

2つの変量の間に正の相関があるからと言って，これらの間に因果関係があるとは限らない．例えば，各都市の医師の数とコンビニの数とはおそらく正の相関があるだろうが，一方が多いことが他方が多いことの原因ではない．これら双方とも，その都市の人口が多いことが主たる原因であろう．

例 10.7　表 10.8 の身長の標準偏差は $s_x = 8.31$，体重の標準偏差は $s_y = 4.82$ で，これらの共分散は $s_{xy} = 29.89$ である．これより，これらの相関係数は $r = 0.746$ であって，身長と体重の間に（ある程度の）正の相関があることが分かる※11．

※10　「相関がない」ことと「関係がない」ことは異なる．例えば $y_i = x_i^2$ のような関係があっても相関係数は 0 に近くなることがある．

※11　相関を調べるためには，実際にはもっと多数のデータが必要であって，数個程度のデータで相関を云々することは適当でない．

共分散と相関係数

2つの変量 x, y に対して

(i)　共分散　$s_{xy} = \dfrac{1}{n}\displaystyle\sum_{i=1}^{n}(x_i - \overline{x})(y_i - \overline{y})$

(ii)　相関係数　$r = \dfrac{s_{xy}}{s_x s_y} = s_{uv}$

（u, v はそれぞれ 変量 x, y を標準化した変量）

問 10.5 次の (1), (2) の表について，変量 x, y の相関係数を求めよ．

(1)

x	-3	-2	-1	0	1	2	3
y	9	4	1	0	1	4	9

(2)

x	-3	-2	-1	0	1	2	3
y	0	1	2	3	4	5	6

章末問題

10.1 🖩 年齢別人口の表 10.4 における，平均値，メディアン，モードの値を求めよ．

10.2 🖩 次の表は，A，B 二人のアーチェリーの選手が，70 m の距離で 6 本行射したときの得点である．各々の平均点と標準偏差を求めよ．いずれの選手の行射が安定しているといえるか．

行射回	1	2	3	4	5	6
A の得点	8	10	9	7	9	8
B の得点	10	6	9	7	10	9

10.3 🖩 次の表は，サイコロを 60 回振ったときの出た目の度数分布である．この表のデータについて，出た目の平均値，累積度数，相対度数，メディアン，モード，第 1 四分位数，第 3 四分位数，分散，標準偏差を求めよ．

出た目	1	2	3	4	5	6
度数	11	7	12	8	13	9

10.4 🖩 次の身長と体重の表について，x と y の相関係数を求めよ．

生徒	1	2	3	4	5	6	7	8
身長 x (cm)	162	173	154	168	175	179	158	176
体重 y (kg)	58.4	65.1	54.2	68.1	57.4	63.8	51.3	62.4

10.5 a, b を定数として，2 つの変量 x, y の間に $y_i = ax_i + b\,(i = 1, 2, \ldots, n)$ という関係があるとする．

(1) y の平均 $\overline{y}$ と標準偏差 s_y を，x の平均 $\overline{x}$ と標準偏差 s_x とで表せ．

(2) x, y の相関係数を r とすると，$a \neq 0$ のとき $|r| = 1$ であることを示せ．

11 統計的推測

本章では，様々なデータをもとにして，ある集団（人間，製品，作物等）の性質や傾向を調べる方法を学ぶ．ここでは，第 7 章で学んだ確率的な考え方を用いる※1．

※1　本章においては，近似値であっても等号で表示している．

11.1　母集団と標本

調査の対象となる集団を**母集団**という．母集団に属する個々の個体のデータをすべて調べることを**全数調査**という．すべての個体を調べることが不可能（あるいは手間がかかりすぎる）であるときは，その一部分である個体の集まりである**標本**を調べる．母集団から標本を抜き出すことを**抽出**という．母集団や標本の個体の数をその**大きさ**という．

抽出は，母集団の性質が出来るだけ標本に反映するように行わなければならず，多くの場合ランダムに抽出する**無作為抽出**が用いられる．

母集団から大きさ n の標本を抽出するとき，1 個の個体を抽出するたびにそれをもとに戻して次の個体を抽出する操作を n 回繰り返すことを**復元抽出**といい，抽出した個体をもとに戻さないで次の個体を抽出することを**非復元抽出**という※2．母集団の大きさが標本の大きさに比べて非常に大きいときはこの 2 つの抽出方法の違いはほとんど無いので，以下非復元抽出であっても復元抽出として扱う．

※2　「第 7 章　確率」で扱った「復元抽出」,「非復元抽出」と同じ意味である．

例 11.1　箱の中に 500 個の白玉と 1500 個の赤玉が入っている．ここから 3 個の玉を取り出したとき，いずれも赤玉である確率を考える．
復元抽出の場合その確率は $\left(\dfrac{1500}{2000}\right)^3 = 0.421875$，非復元抽出の場合その確率は $\dfrac{1500}{2000} \cdot \dfrac{1499}{1999} \cdot \dfrac{1498}{1998} = 0.421664$ となって，ほぼ等しい※3．

※3　一般に，非復元抽出の方が確率の計算は面倒になる．

11.2　確率分布

度数分布と確率分布　第 10 章第 10.1 節の身長の度数分布表 10.3 において，例えば階級 160 cm ～ 165 cm の度数（人数）が 9 人であるということは，このクラス 41 人の中から無作為に 1 人選んだとき，その人の身長が 160 cm 以上 165 cm 未満である確率が $\dfrac{9}{41}$（即ち，相対度数 22 %）となることと見なせる．このようにして度数分布における相対度数を確率と見なしたものを**確率分布**という.

確率分布においては, 度数分布における変量のことを**確率変数**という. 確率変数 X が値 a を取る確率を $P(X=a)$ と表す. 従って, 確率変数(変量) X の取る値が $x_1, x_2, \ldots, x_m$ でその度数がそれぞれ $f_1, f_2, \ldots, f_m$ であるとき, $P(X=x_i)=\dfrac{f_i}{n}$ となる. ここで $n=f_1+f_2+\cdots+f_m$ はデータの総数である.

確率変数の取りうる値が有限個であるような確率分布を**離散分布**といい, 取りうる値が連続的(ある範囲の実数全体)であるような確率分布を**連続分布**という.

離散分布　離散分布は, 一般に次のような表で表すことができる.

表 11.1　離散分布

X	x_1	x_2	$\cdots$	x_m
P	p_1	p_2	$\cdots$	p_m

ここで, $x_1, x_2, \ldots, x_n$ は確率変数 X が取る値であり, $p_1, p_2, \ldots, p_m$ が各々それらの確率(相対度数)である. 従って, $p_1+p_2+\cdots+p_m=1$ である.

このとき, $E(X)=\displaystyle\sum_{k=1}^{m} x_k p_k$ を, 確率変数 X の(あるいは, この確率分布の) **期待値**(または**平均値**)という. また, $m=E(X)$ としたとき, $V(X)=E((X-m)^2)=\displaystyle\sum_{k=1}^{n}(x_k-m)^2 p_k$ を X の**分散**, $\sigma(X)=\sqrt{V(X)}$ を X の**標準偏差**という[※4]. 標準偏差の単位は, もとの確率変数(の取る値)の単位と同じになる(例えば, 身長であるなら cm). 標準偏差の値が 0 に近いほど, X の取る値は期待値 m の近くに集中している.

※4　これらは,「確率」を「相対度数」とみなせば, 第10章で扱った平均値, 分散, 標準偏差と同じものである.

例 11.2　1個のサイコロを振ったとき出る目の数を X とすると, X の各値 $X=1,2,3,4,5,6$ に対してその確率はすべて $\dfrac{1}{6}$ である[※5].

この確率分布において, 期待値は $E(X)=\displaystyle\sum_{k=1}^{6} k\cdot\frac{1}{6}=\frac{7}{2}=3.5$, 分散は $V(X)=\displaystyle\sum_{k=1}^{6}\left(k-\frac{7}{2}\right)^2\cdot\frac{1}{6}=\frac{35}{12}=2.917$, 標準偏差は $\sigma(X)=\sqrt{\dfrac{35}{12}}=1.708$ である.

※5　このように, 確率変数のすべての値に対してその確率が等しいような確率分布を**一様分布**という.

問 11.1▦　次の確率分布(歪んだサイコロ?)の, 期待値, 分散, 標準偏差を求めよ.

X	1	2	3	4	5	6
P	0.2	0.1	0.3	0.1	0.2	0.1

二項分布 1回の試行においてある事象の起こる確率が p であるとして，この試行を n 回反復して行ったときにこの事象がちょうど r 回起こる確率は ${}_n\mathrm{C}_r p^r(1-p)^{n-r}$ である※6．この事象の起こる回数 X を確率変数とした確率分布を**二項分布**といい $B(n,p)$ で表す．

※6 第7章参照．

次に二項分布の基本事項をまとめておく．▶サポート 11.1

二項分布 $B(n,p)$

(i) $P(X=r)={}_n\mathrm{C}_r p^r(1-p)^{n-r}$

(ii) 期待値 $E(X)=np$

(iii) 分散 $V(X)=np(1-p)$

(iv) 標準偏差 $\sigma(X)=\sqrt{np(1-p)}$

次のグラフは，$p=\dfrac{1}{6}$ で，$n=10, 30$ のときの二項分布 $B\left(n,\dfrac{1}{6}\right)$ のグラフである．

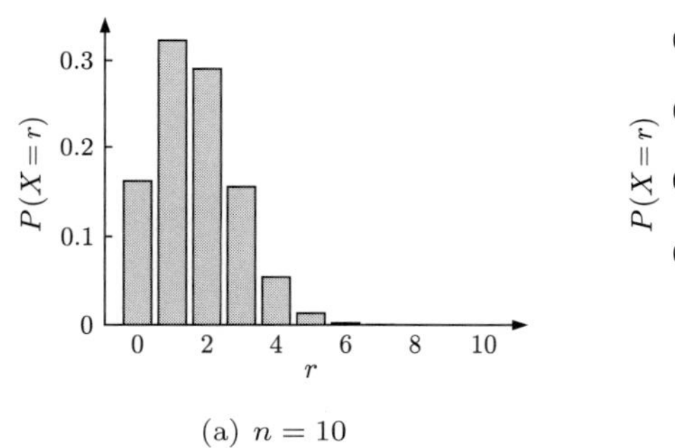

(a) $n=10$

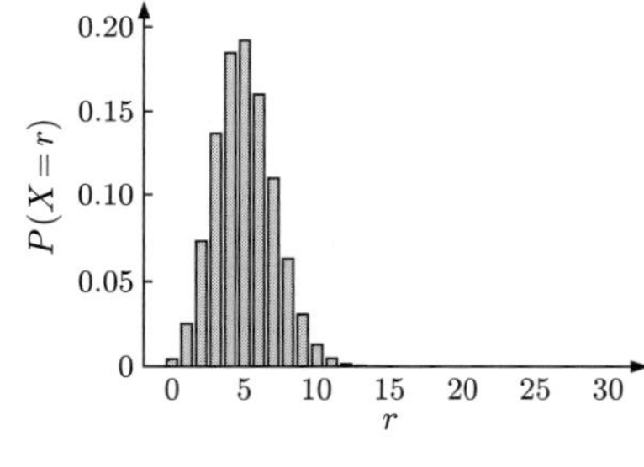

(b) $n=30$

図 11.1 二項分布

例 11.3 表が出る確率が $\dfrac{1}{3}$ であるような（歪んだ）コインを5回投げるとき，表が出る回数を確率変数 X とすると，$P(X=r)={}_5\mathrm{C}_r\left(\dfrac{1}{3}\right)^r\left(\dfrac{2}{3}\right)^{5-r}$ であって，その確率分布（二項分布）$B\left(5,\dfrac{1}{3}\right)$ の表は

X	0	1	2	3	4	5
P	0.132	0.329	0.329	0.165	0.041	0.004

となる．ここで，$E(X)=\dfrac{5}{3}=1.667$, $V(X)=5\cdot\dfrac{1}{3}\cdot\dfrac{2}{3}=\dfrac{10}{9}=1.111$, $\sigma(X)=\dfrac{\sqrt{10}}{3}=1.054$ である．

問 11.2 二項分布 $B(3, 0.4)$ の表を作れ．また，平均，分散，標準偏差を実際に計算して，公式と合っているか確認せよ．

連続分布　確率変数が取る値が連続的である場合は，確率変数が 1 つの値となる確率を考えることはあまり意味がない．例えば，確率変数 X の値が身長である場合，$P(X = 173.6)$ は，身長がぴったり 173.6 cm の人の相対度数であるが，そのような人の人数は殆どの場合 0 人である※7．

そこで，連続的な確率分布においては，確率変数がある区間に入る確率 $P(c_1 \leqq X \leqq c_2)$ を考える．このような確率分布を扱うときは，次の性質 (i), (ii), (iii) をみたす**確率密度関数** $f(x)$ を用いる※8．

(i)　確率変数が取りうる値の範囲（区間）で $f(x) \geqq 0$，その外で $f(x) = 0$

(ii)　$\displaystyle\int_{-\infty}^{\infty} f(x)\,dx = 1$ ※9

(iii)　$\displaystyle P(c_1 \leqq X \leqq c_2) = \int_{c_1}^{c_2} f(x)\,dx$

性質 (iii) は，$c_1 \leqq X \leqq c_2$ である確率が，$y = f(x)$ のグラフと，x 軸，直線 $x = c_1$, $x = c_2$ で囲まれた部分の面積になっているということを意味している．

確率密度関数が $f(x)$ であるような連続分布の確率変数を X とするとき，その期待値（平均値）は $m = E(X) = \displaystyle\int_{-\infty}^{\infty} xf(x)\,dx$，分散は $V(X) = \displaystyle\int_{-\infty}^{\infty} (x-m)^2 f(x)\,dx$，標準偏差は $\sigma(X) = \sqrt{V(X)}$ で与えられる※10． ▶サポート 11.2

例 11.4　確率密度関数が考えている範囲で定数であるような確率分布を，**一様分布**という．例えば，区間 $0 \leqq x \leqq 1$ 内の実数の値をランダムに取る確率変数の分布は，この区間での一様分布である．

区間 $a \leqq x \leqq b$ における一様分布の確率密度関数は

$$f(x) = \frac{1}{b-a} \quad (a \leqq x \leqq b)$$

であって，$P(c_1 \leqq X \leqq c_2) = \dfrac{c_2 - c_1}{b-a}$ となる．また，$E(X) = \dfrac{a+b}{2}$, $V(X) = \dfrac{(b-a)^2}{12}$, $\sigma(X) = \dfrac{b-a}{2\sqrt{3}}$ である．

問 11.3　一様分布の期待値，分散，標準偏差の式を確かめよ．

問 11.4　関数 $f(x) = kx$ が $0 \leqq x \leqq 1$ における確率密度関数となるように，定数 k の値を定めよ．さらに，この確率分布の期待値，分散，標準偏差を求めよ．

※7　測定誤差を考えても，$X = 173.6$ となる確率を考えることに意味がないことがわかる．連続確率分布では，確率変数が 1 つの値を取る確率は 0 とみなす．即ち，任意の c に対して $P(X = c) = 0$.

※8　確率密度関数と確率との関係は，第 9 章の 9.2 節で扱った（線状の物体の）線密度と質量の関係と良く似ている．

※9　これは「微分積分」で学ぶ「広義積分」である．実際は，確率変数が取りうる値の範囲が $a \leqq X \leqq b$ であるとき，$\displaystyle\int_a^b f(x)\,dx = 1$ となるのであるが，ここでは，便宜上 $f(x)$ を全区間 $-\infty < x < \infty$ での関数と考えている．

※10　線密度がこの $f(x)$ であるような線状の物体 ($a \leqq x \leqq b$) を考えると，その全質量は 1 で，重心の座標が期待値（平均値）ということになる．第 9 章 9.2 節「線状の物体」の項を参照.

正規分布 確率密度関数が $f(x) = \dfrac{1}{\sqrt{2\pi}\sigma}e^{-\frac{(x-m)^2}{2\sigma^2}}$ である確率分布を**正規分布**といい $N(m, \sigma^2)$ で表す[※11]．様々な現象で（近似的に）正規分布がよく現れる（下の「コラム」参照）．

※11 正規分布の確率密度関数のグラフは直線 $x = m$ に関して対称な「釣鐘型」をしていて，σ の値が小さいほど釣り鐘の幅が狭くなる．（図 11.2 参照）

$N(m, \sigma^2)$ に従う確率変数 X の期待値は $E(X) = m$，分散は $V(X) = \sigma^2$，標準偏差は $\sigma(X) = \sigma$ となる．特に，$m = 0, \sigma = 1$ の正規分布 $N(0, 1)$ を**標準正規分布**という．

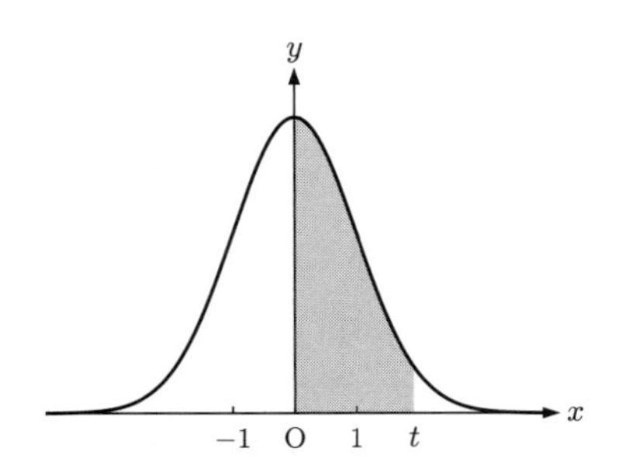

図 11.2 標準正規分布

図 11.2 において，グレーの部分の面積 $p(t) = \displaystyle\int_0^t f(x)\,dx$ は確率 $P(0 \leqq X \leqq t)$ である．そのいくつかの値は次の表のようになる[※12]．

※12 正規分布については，詳しい値の表が文献やネット上にある．また，表計算ソフトや（一部の）関数電卓でも計算できる．

t	0.5	1.0	1.5	2.0	2.5	3.0
$p(t)$	0.1915	0.3413	0.4332	0.4772	0.4938	0.49865

例えば，この表を用いて $P(-1 \leqq X \leqq 1.5)$ を求めるときは，$P(-1 \leqq X \leqq 0) = P(0 \leqq X \leqq 1)$ であることに注意して[※13]，$P(-1 \leqq X \leqq 1.5) = P(-1 \leqq X \leqq 0) + P(0 \leqq X \leqq 1.5) = P(0 \leqq X \leqq 1) + P(0 \leqq X \leqq 1.5) = 0.3413 + 0.4332 = 0.7745$ と計算すればよい．

※13 標準正規分布 $N(0, 1)$ の確率密度関数のグラフは，直線 $x = 0$ に関して対称なので，$t > 0$ に対して $P(-t \leqq X \leqq 0) = P(0 \leqq X \leqq t)$ が成り立つ．

次に，標準正規分布でよく用いられる値をまとめておく．

標準正規分布 $N(0, 1)$

確率	t の値
$P(-t \leqq X \leqq t) = 0.95$	1.960
$P(X \leqq t) = 0.95$	1.645
$P(-t \leqq X \leqq t) = 0.99$	2.576
$P(X \leqq t) = 0.99$	2.326

正規分布 $N(m, \sigma^2)$ に従う確率変数 X を**標準化**して $Z = \dfrac{X-m}{\sigma}$ とおくと，確率変数 Z は標準正規分布 $N(0, 1)$ に従う．従って，$P(m \leqq X \leqq m + t\sigma) = P(0 \leqq Z \leqq t)$ が成り立つ．例えば，$P(m \leqq X \leqq m + \sigma) = P(0 \leqq Z \leqq 1) = 0.3413$ である．

問 11.5▦　正規分布 $N(3, 4)$ に従う確率変数 X に対して，$P(t \leqq X) = 0.05$ となるような t の値を求めよ．

二項分布と正規分布には次のような関係がある．

二 項 分 布 と 正 規 分 布

確率変数 X が二項分布 $B(n, p)$ に従うとき，n が十分大きいならば X は近似的に正規分布 $N(np, np(1-p))$ に従う．

例えば，次のグラフは二項分布 $B(100, 0.3)$ のグラフであるが，正規分布のグラフと酷似している．

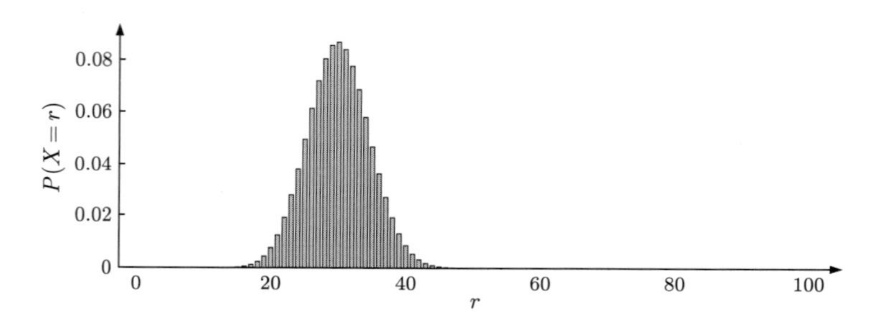

図 11.3　二項分布 $B(100, 0.3)$

二項分布の計算は煩雑なので[※14]，（正規分布で近似して）正規分布の数表を利用することが多い．

※14　コンピュータを使えば容易に計算できるが．

例 11.5　1枚のコインを 400 回投げて，表の出る回数を X とする．確率変数 X は二項分布 $B\left(400, \dfrac{1}{2}\right)$ に従うが，投げた回数が多いので近似的に正規分布 $N\left(\dfrac{400}{2}, \dfrac{400}{4}\right)$ 即ち $N(200, 100)$ に従うとしてよい．

$Z = \dfrac{X-200}{10}$ とおくと，Z は標準正規分布 $N(0, 1)$ に従う．これより，例えば $190 \leqq X \leqq 215$ となる確率は，$-1 \leqq Z \leqq 1.5$ より（標準正規分布の値の表を用いて）$P(-1 \leqq Z \leqq 1.5) = 0.7745$ と求まる．

問 11.6　1個のサイコロを 720 回投げて，3 の目の出る回数が 115 回以上 140 回以下である確率を求めよ．

コラム 「神は正規分布を好む」

身長の分布や工場で作られる製品ののバラツキ（誤差）など，様々な現象で正規分布が現れる※15．

※15 製造や測定で現れる誤差を扱う「誤差論」では，平均値のことを「最確値」，分散のことを「2 乗誤差」という．

次のグラフは，17 歳の女子の身長分布である（e-Stat（政府統計ポータルサイト）「令和 3 年度学校保健統計調査」による）．ここで，平均値は $m = 158.0\,\mathrm{cm}$，標準偏差は $\sigma = 5.39\,\mathrm{cm}$ である．これを，下の正規分布 ($m = 1.58$, $\sigma = 0.054$) のグラフと見比べると，非常に似ていることがわかる．

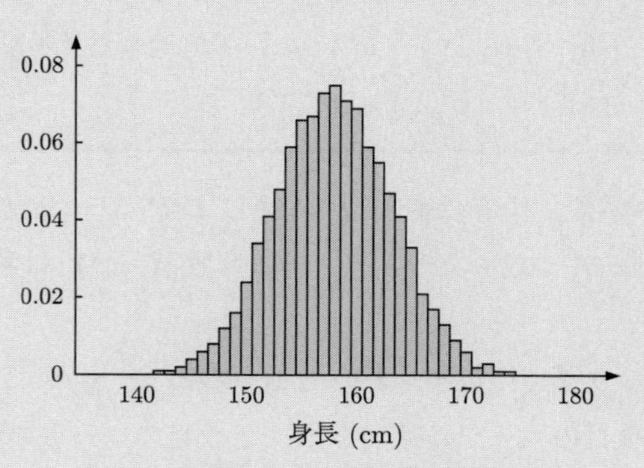

図 11.4 身長の分布

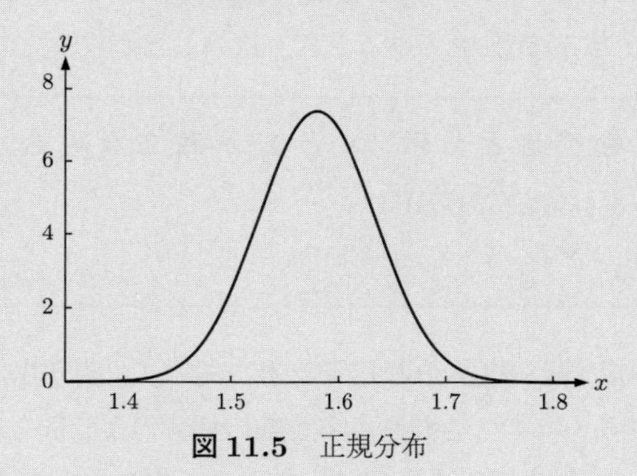

図 11.5 正規分布

身長の分布が正規分布になる理由としては，次のようなことが考えられる．

人の身長を決める要素（父母の身長，日々の食べ物，生活環境など）が n 個あるとして，その各々について $\dfrac{1}{2}$ の確率で身長が平均値より $1\,\mathrm{cm}$ 伸びるか $1\,\mathrm{cm}$ 縮むかであるとする．このとき，身長が平均値より $t\,\mathrm{cm}$ だけ大きくなるのは，n 個の要素のうち $r = \dfrac{t+n}{2}$ 個がプラスに働き，残り $n-r$ 個がマイナスに働いたときで，その確率は ${}_n\mathrm{C}_r\left(\dfrac{1}{2}\right)^r\left(\dfrac{1}{2}\right)^{n-r}$ である．これは本質的に二項分布 $B\left(n, \dfrac{1}{2}\right)$ であって，n が大きくなると正規分布に近づいていく．

このように，小さな要素（誤差）の積み重ねの結果が正規分布として現れるのである．

期待値と分散の性質　離散分布あるいは連続分布の 2 つの確率変数 X, Y と定数 a, b に対して，$aX+b, aX+bY$ 等もまた確率変数である，これらの確率変数の期待値，分散に対して，次のことが成り立つ．((i) の式は分散を求めるのによく用いられる．) ▶サポート 11.3

期待値と分散

(i)　$V(X)=E(X^2)-(E(X))^2$

(ii)　$E(aX+b)=aE(X)+b, V(aX+b)=a^2V(X)$

(iii)　$E(aX+bY)=aE(X)+bE(Y)$

離散分布において，任意の値 a, b に対して $P(X=a$ かつ $Y=b)=P(X=a)P(Y=b)$ が成り立つとき，確率変数 X と Y は**独立**であるという[※16]．

※16　第 7 章 7.2 節で扱った「事象の独立」と本質的に同じ概念である．
　連続分布においても確率変数の独立性を考えることができるが，ここでは扱わない．

例えば，0 から 9 までの数字を書いた 10 枚のカードから 2 枚のカードを順に引いて，1 枚目のカードの数字を X，2 枚目のカードの数字を Y としたとき，復元抽出なら X と Y は独立であり，非復元抽出なら独立でない．

確率変数 X と Y が独立であるとき，次のことが成り立つ．

期待値と分散（X と Y が独立な場合）

(iv)　$E(XY)=E(X)E(Y)$

(v)　$V(X+Y)=V(X)+V(Y)$

例 11.6　10 円玉 2 枚と 100 円玉 2 枚を投げて，表が出た硬貨がもらえるものとする．このとき得られる金額の期待値と分散を求めてみる．

10 円玉 と 100 円玉を投げて，表が出た枚数をそれぞれ X, Y とする．このとき，$E(X)=E(Y)=0+1\cdot\dfrac{2}{4}+2\cdot\dfrac{1}{4}=1$．従って，得られる金額の期待値は $E(10X+100Y)=10E(X)+100E(Y)=110$ 円である．

また，$E(X^2)=E(Y^2)=0+1\cdot\dfrac{2}{4}+4\cdot\dfrac{1}{4}=\dfrac{3}{2}$ であるから，$V(X)=E(X^2)-E(X)^2=\dfrac{3}{2}-1=\dfrac{1}{2}$．同様にして $V(Y)=\dfrac{1}{2}$．確率変数 X, Y は独立であるから，求める分散は $V(10X+100Y)=100V(X)+10000V(Y)=50+5000=5050$ である．

問 11.7　3 枚のコインを投げて表が出た枚数を X，1 個のサイコロを投げて出た目を Y としたとき，確率変数 $X+Y$ の期待値と分散を求めよ．

11.3 推定と検定

本節では，標本のデータから，母集団の平均値やある性質を持つ個体の比率を推定したり，母集団に関する何らかの主張を確かめる（検定する）ことを扱う．

以下，「期待値」のことを「平均（値)」と呼ぶことにする．

標本平均の分布　母集団の平均値を**母平均**，分散を**母分散**という．また，そこから抽出した標本の平均値を**標本平均**，分散を**標本分散**という．

母平均が m，母分散が σ^2 の（任意の分布の）母集団から，n 個の標本を抽出したときの標本平均を $\bar{X}$ とすると※17，標本を n 個抽出するごとに $\bar{X}$ の値は変化して，$\bar{X}$ はひとつの確率変数とみなせる．このとき，次のことが知られている※18． ▶サポート 11.4

※17　取り出した標本において X が取る値を $X = x_1, x_2, \ldots, x_n$ とすると，$\bar{X} = \dfrac{x_1 + x_2 + \cdots + x_n}{n}$．

※18　これを**中心極限定理**といい，推定や検定の基礎となる定理である．

標本平均の分布（中心極限定里）

標本の大きさ n が十分大きいとき，標本平均 $\bar{X}$ は近似的に正規分布 $N\left(m,\ \dfrac{\sigma^2}{n}\right)$ に従う※19．

※19　特に母集団の分布が正規分布 $N(m,\ \sigma^2)$ のときは，$\bar{X}$ は実際に $N\left(m,\ \dfrac{\sigma^2}{n}\right)$ に従う．

母平均の推定　前項の内容を用いて，母分散 σ^2 が分かっているときに，標本平均から母平均 m の値を推定することを考える※20．

※20　n が大きい場合は，母分散の代わりに標本分散 S^2 や**不偏分散** $U^2 = \dfrac{n}{n-1}S^2$ を用いることもできる．

今，母集団から無作為に取り出した大きさ n の標本の平均を $\bar{X}$ とする．n が十分大きいとき $\bar{X}$ は正規分布 $N\left(m,\ \dfrac{\sigma^2}{n}\right)$ に従うから，$Z = \dfrac{\bar{X} - m}{\frac{\sigma}{\sqrt{n}}}$ と標準化すると Z は標準正規分布 $N(0,\ 1)$ に従う．

このとき $P(-1.96 \leqq Z \leqq 1.96) = 0.95$ であることから

$$m - 1.96\frac{\sigma}{\sqrt{n}} \leqq \bar{X} \leqq m + 1.96\frac{\sigma}{\sqrt{n}},$$

即ち

$$\bar{X} - 1.96\frac{\sigma}{\sqrt{n}} \leqq m \leqq \bar{X} + 1.96\frac{\sigma}{\sqrt{n}}$$

となる確率は 95％ である※21．この不等式で表される区間を，母平均 m の**信頼度** 95％ の**信頼区間**という※22．また，このように信頼区間を定めることを，「95％ の信頼度で母平均 m の値を推定する」という．

※21　詳しくいうと，標本を n 個抽出するごとに $\bar{X}$ の値が定まり，それに伴って区間が定まる．その区間が m を含む確率が 95％ である．

※22　信頼度 99％ で推定する場合は，信頼区間の係数 1.96 を 2.576 に替えればよい．

例 11.7　ある町の 17 歳女子の身長の標準偏差は 5.4 cm であることが分かっているとする．今，この町の 17 歳の女子 100 人を無作為に抽出したところ，その平均身長は 158 cm であった．このとき，信頼度 95％ で町全体の 17 歳女子の平均身長 m を推定する．

母集団の標準偏差が $\sigma = 5.4$，標本平均が $\bar{X} = 158$，また標本の大きさは $n = 100$ であるから，母平均 m の信頼度 95％ の信頼区間は

$$158 - 1.96 \times \frac{5.4}{10} \leqq m \leqq 158 + 1.96 \times \frac{5.4}{10}.$$

即ち，$156.9 \leqq m \leqq 159.1$ である．

問 11.8　標準偏差が $\sigma = 3$ の母集団から大きさ 400 の標本を無作為に取り出したところ，標本平均が $\bar{X} = 4.2$ であった．このとき，母平均 m の値を信頼度 99％ で推定せよ．

母比率の推定　母集団の一部がある特定の性質（不良品である等）を持つとき，その割合を**母比率**という．また，母集団から抜き出した標本においてその性質を持つものの割合を**標本比率**という．ここでは，標本比率から母比率を推定することを考える．

今，性質 A に関する母比率を p とする．母集団から抜き出した n 個の標本に対し，確率変数 $X_1, X_2, \ldots, X_n$ の値を，i 番目の標本が性質 A を持つとき $X_i = 1$，持たないとき $X_i = 0$ と定める．即ち，$i = 1, 2, \ldots, n$ に対して，$P(X_i = 1) = p$, $P(X_i = 0) = 1 - p$ である．$T = X_1 + X_2 + \cdots + X_n$ とおくと，確率変数 T は標本中の性質 A を持つ個体の数であり，標本比率は $R = \dfrac{T}{n}$ である．

T は二項分布 $B(n, p)$ に従うが，n が十分大きいときは近似的に正規分布 $N(np, np(1-p))$ に従い，$R = \dfrac{T}{n}$ は近似的に $N\left(p, \dfrac{p(1-p)}{n}\right)$ に従う．

今，信頼度 95％ で，R の値を用いて p の値を推定することにすれば，95％ の確率で不等式

$$p - 1.96\sqrt{\frac{p(1-p)}{n}} \leqq R \leqq p + 1.96\sqrt{\frac{p(1-p)}{n}}$$

が成り立つので，これを p の信頼区間に直すと，

$$R - 1.96\sqrt{\frac{p(1-p)}{n}} \leqq p \leqq R + 1.96\sqrt{\frac{p(1-p)}{n}}$$

となる．しかし，これでは p の信頼区間の端点の値に p が入っていて使い物にならない．

そこで，$p \fallingdotseq R$ でありまた $p(1-p)$ が小さい（0 に近い）値であることに注意すると，n が十分大きければ $\dfrac{p(1-p)}{n} = \dfrac{R(1-R)}{n}$ と見なせる※23．従って，信頼度 95％ の p の信頼区間を

$$R - 1.96\sqrt{\frac{R(1-R)}{n}} \leqq p \leqq R + 1.96\sqrt{\frac{R(1-R)}{n}}$$

とすることができる※24．

※23　p が R に近いよりもずっと $\dfrac{p(1-p)}{n}$ は $\dfrac{R(1-R)}{n}$ に近い．

※24　係数 1.96 を 2.576 に置き換えれば，信頼度 99％ の信頼区間が得られる．

例 11.8 ある県の県知事選挙において，投票日前に無作為に選んだ 400 人の有権者にアンケートを行ったところ，候補者 A を支持する人は 128 人であった．この候補者 A の支持率（この県の全有権者に占める支持者の比率）p の，信頼度 95% の信頼区間を求める．

標本比率は $R = \dfrac{128}{400} = 0.32$ で $n = 400$ であるから，$1.96 \times \sqrt{\dfrac{R(1-R)}{n}} = 1.96 \times \sqrt{\dfrac{0.32 \times 0.68}{400}} = 0.046$ となる．$0.32 - 0.046 = 0.274$, $0.32 + 0.046 = 0.366$ より，求める信頼区間は $0.274 \leqq p \leqq 0.366$ である．

問 11.9 ある池に棲む魚のうち，外来種（ブラックバスやブルーギルなど）の比率を p とする．この池から 200 匹の魚を無作為に捕まえたところ，そのうち 152 匹が外来種であった．このとき，p の値を信頼度 95% で推定せよ．

仮説検定

テニスのサービスの順番を決めるときには，例えば 1 枚のコインを投げて表が出るか裏が出るかで決める[※25]．今，あるコインが適正（即ち，表が出る確率 p が $\dfrac{1}{2}$）かどうかを調べるため，試しに 10 回投げてみたところ 9 回表が出てしまった．このコインは適正であるといえるだろうか．

このような問題を扱うとき，次のような**仮説検定**の考え方を用いる．

まず，「このコインは適正 $\left(p = \dfrac{1}{2}\right)$」という仮説を立てる．これを**帰無仮説**（$H_0$ と表す）という[※26]．これに対して，主張したい「このコインは適正でない $\left(p > \dfrac{1}{2}\right)$」を**対立仮説**という[※27]（$H_1$ と表す）．

まず，帰無仮説 H_0 が正しいと仮定すると，このコインを 10 回投げて表が 9 回以上出る確率は

$${}_{10}C_9\left(\frac{1}{2}\right)^9\left(\frac{1}{2}\right) + {}_{10}C_{10}\left(\frac{1}{2}\right)^9\left(\frac{1}{2}\right) = \frac{11}{1024} = 0.01074$$

である[※28]．この確率は非常に小さいので，（帰無仮説のもとでは）滅多にないことが起こったといえる．

ここで，どのくらい確率が小さければ「滅多にない」と判定するかを決めておかなければならないが，それは 0.05 (5%) 以下か 0.01 (1%) 以下とすることが多い．これを**有意水準**という[※29]．今の場合，表が 9 回以上出る確率は 0.01074 で，0.05 以下であるが 0.01 以下ではない．これより，仮説 H_0 は有意水準 5% で**棄却**[※30]できるが，有意水準 1% では棄却できないと判断する．

帰無仮説 H_0 が棄却されたときは，対立仮説 H_1 が（ある確率で）正しいと判定されたことになるが，棄却されなかったからといって帰無仮説が

※25 これを「コイントス」という．例えば，百円玉の表は花の描いてある方，裏は数字（100）が書いてある方であるが，わかりにくいのでコイントスのときには「Number or flower?」と言ったりする．

※26 帰無仮説は，「否定したいこと」あるいは「成り立ってなさそうなこと」に設定する．検証したいことは何かをはっきりさせて，帰無仮説と対立仮説をうまく立てることが重要である．

※27 「$p \neq \dfrac{1}{2}$」を対立仮説としてもよいが，その場合この後の取り扱いが若干異なってくる（後述）．

※28 ちょうど 9 回表が出る確率だけ考えると，その値は非常に小さいので多くの場合「滅多にない」事になってしまう．こういう場合，出た数値以上（あるいは以下）の区間で考える．

※29 **危険率**ともいう．

※30 正しくないと判定すること．

正しいということにはならない※31.

※31　ここでは確率的な議論をしているので，「否定の否定」が即「肯定」とはならない.

例 11.9　全国の12歳の男子の身長の平均値は148 cm，標準偏差は3 cmであるとする．ある町の12歳の男子から100人を無作為に抽出して身長を測ったところ，その平均値は150 cmであった．この町の12歳の男子の身長は全国水準と異なるといえるだろうか.

まず，帰無仮説を「この町の12歳の男子の身長の平均値は全国の平均値と同じである」と設定する．対立仮説は「この町の12歳の男子の身長の平均値は全国平均と異なる」としておく.

100人の平均身長を $\bar{X}$ とすると，帰無仮説のもとで $\bar{X}$ は（近似的に）正規分布 $N\left(148, \dfrac{3^2}{100}\right)$ に従う．従って，95％の確率で

$$148 - 1.96 \times \frac{3}{10} \leqq \bar{X} \leqq 148 + 1.96 \times \frac{3}{10}$$

即ち $147.4 \leqq \bar{X} \leqq 148.6$ が成り立つ．150 cmはこの信頼区間の外（**棄却域**という）にあるので，上の帰無仮説は5％の有意水準で棄却され，対立仮説が採択される．即ち「この町の12歳の男子の身長の平均値は全国平均と異なる」と判断される,

もし，対立仮説を「この町の12歳の男子の身長の平均は全国平均より大きい」とすると，棄却域は右側の5％の部分

$$148 + 1.645 \times \frac{3}{10} \leqq \bar{X}$$

即ち $148.5 \leqq \bar{X}$ となって※32，この場合も帰無仮説は棄却されて対立仮説が採択される.

※32　$P(\bar{X} \leqq t) = 0.95$ となる t が $t = 1.645$ であることによる（11.2節参照).

このように，対立仮説の立て方によって，棄却域を左右両側に取ったり（**両側検定**という），左右のどちらか片側に取ったり（**片側検定**という）する.

問 11.10🖩　正規分布に従う母集団から無作為に選んだ大きさ10の標本の平均が2.3であったとき，この標本が正規分布 $N(1, 3.5)$ に従う母集団から選ばれたものであるかどうか，有意水準95％で両側検定せよ.

問 11.11🖩　囲碁部のA君とB君が25局を戦ってA君が18勝した．この結果について，次の仮説検定を行え．（計算には，二項分布が正規分布で近似できることを使ってよい．）

(1) この2人に実力差があるといえるか．有意水準5％で両側検定せよ.

(2) A君はB君より強いといえるか．有意水準1％で片側検定せよ.

章末問題

11.1 (1) 関数 $f(x) = ke^x$ が区間 $0 \leqq x \leqq 1$ における確率密度関数となるよう，定数 k の値を定めよ．ただし，e は自然対数の底（ネピアの数）である．

(2) (1) で定めた確率分布の期待値と分散を求めよ．（答は小数にしなくてよい．）

11.2 🖩 ある町の高校 3 年生の数学の学力を測定するために，全員に試験を行った．全員の成績をチェックするのは時間がかかるので，とりあえず，無作為に n 人の答案を選んでその標本平均 $\bar{X}$ を求めることになった．この $\bar{X}$ を用いて，町全体の高校生の平均点 m を，信頼度 95%，信頼区間の幅 5 点以下で推定するためには，n は何人以上でなければならないか．ただし，過去の経験から，全体の点数の標準偏差 σ は 12 点であることが分かっているものとする．

11.3 🖩 アーチェリー選手の Y 君が 70 m 先の的に対して 72 本の行射を行ったところ，そのうち 12 本が 10 点であった※33．このとき，Y 君の 10 点の的中率 p を信頼度 95% で推定せよ．

※33 アーチェリーの通常の試合では，70 m 先の直径 122 cm の的に矢を 72 回行射する．1 回の行射で 0 点から 10 点のいずれかの得点となる．2024 年現在の世界記録は，720 点満点の 702 点である．

11.4 🖩 ボールプールに大量のボールがある．今，ここから 100 個のボールを抜き出してマークを付け，それらをもとのボールプールに戻した．さらによくかき混ぜて，再び 100 個のボールを無作為に抜き出したところ，そのうち 8 個のボールにマークが付いていた．このボールプールのボールの総数を，信頼度 70% で推定せよ※34．ただし，標準正規分布において $P(-t \leqq X \leqq t) = 0.7$ となる t は，$t = 1.04$ である．

※34 第 1 章 問 1.10 と比較せよ．

11.5 🖩 ある工場で作っている製品について，不良品の数は，通常全体の 1% である．ある月に 400 個の製品を無作為に選んで調べたところ，そのうち 8 個が不良品であった．この月の不良品は，通常より多いと言えるか．有意水準 5% で片側検定せよ．

11.6 🖩 ある町で，生まれてきた赤ちゃんのうち無作為に選んだ 900 人の性別を調べたところ，478 人が男の子であった．このとき，次の 2 つの検定を 5% の有意水準で行え．

(1) 男女の出生数は異なるといえるか（両側検定）．

(2) 男子の出生数のほうが女子より多いといえるか（片側検定）．

索　　引

■ た 行

■ な 行

■ は 行

■ ま 行

■ や 行

■ ら 行

データサイエンスのための基礎数理

2024 年 3 月 30 日　第 1 版　第 1 刷　発行
2025 年 3 月 10 日　第 2 版　第 1 刷　印刷
2025 年 3 月 30 日　第 2 版　第 1 刷　発行

編　集　愛知工業大学基礎数理教育グループ
発行者　発 田 和 子
発行所　株式会社　学術図書出版社
〒113−0033　東京都文京区本郷 5 丁目 4 の 6
TEL 03−3811−0889　振替　00110−4−28454
印刷　三美印刷（株）

定価は表紙に表示してあります.

ISBN978−4−7806−1359−9　C3041